Crashkurs Industrieroboter



Den passenden Download zu diesem Artikel finden Sie unter folgendem Link:

*https://www.c-learning.com/50433/*

Passwort: ekH6cb6fyK

Bernhard Plagemann

# Crashkurs Industrieroboter

2. Auflage 2022

Dr.-Ing. Paul Christiani GmbH & Co. KG

Autor: Bernhard Plagemann
Titelbild: Fa. Kawasaki Robotics UK Limited

Bestell-Nr. 50433
ISBN: 978-3-95863-335-3

---

2. Auflage 2022

# Inhaltsverzeichnis

# Vorwort

Roboter sind ein unglaubliches faszinierendes Thema der Technik. Ob es die künstliche Intelligenz ist, der autonome Soldat, der Minensuchroboter, der Pflegeassistent oder der Industrieroboter, der die menschenleere Fabrik verspricht. Dabei dient der Roboter als Projektionsfläche unserer Ängste ebenso wie als Hoffnungsträger für das bessere Morgen, als Verheißung der Glückseligkeit ebenso wie als Unterhaltungsmedium.

Im Unterricht mit MechatronikerInnen ebenso wie mit SchülerInnen der Höheren Berufsfachschule ist der Industrieroboter ein spannendes Thema. Was steckt hinter der „fremdgesteuerten Maschine", was hinter dem „Wunderwerkzeug"?

Wenn wir uns den Industrieroboter genau ansehen, dann verliert er einerseits einen Teil seiner Faszination, er wird andererseits aber auch beherrschbar. Wir sind in der Lage, mit den Kenntnissen von Mechatronik, Mathematik und Informatik den Roboter zu bewegen. Das geht erstaunlich einfach, wenn wir uns trauen.

Dieses kleine Buch zeigt einen möglichen Weg, sich dem Thema Industrieroboter zu nähern. Es soll eine Anleitung sein, sich anhand praktischer Übungen selbst eine Vorstellung vom Industrieroboter zu machen.

Die Firma Kawasaki Robotics, Neuss, (www.kawasakirobot.de) hat die Entstehung dieses Buches mit Ideen, Erklärungen, Bildmaterial und der Bereitstellung der Simulationssoftware aktiv unterstützt. Ebenfalls möchten wir uns an dieser Stelle bei der Firma AKON Robotics aus Bremen, der Parker Hannifin GmbH aus Kaast sowie der Technik und Medien GmbH aus Berlin für die Erlaubnis zur Bildnutzung bedanken.

Zweifelsohne gibt es andere Möglichkeiten, sich dem Roboter anzunähern. Das Buch erhebt nicht den Anspruch, den einzig richtigen Weg zu zeigen. Aber es ermöglicht einen Weg, der im Unterricht erprobt ist und viel Spaß machen kann.

Für Kommentare, Kritik oder Anregungen bin ich jederzeit offen. Sie erreichen mich unter robotik@bplagemann.de.

Bergisch Gladbach, 2022

# 1 Roboter

Roboter sind allgegenwärtig und gelten als fortschrittlich. Vom Rasenmähroboter aus dem Baumarkt bis zum Kanalroboter, der den Abwasserkanal erforscht, vom Erkundungsroboter auf dem Mars bis zur Tötungsmaschine des Militärs – alles gilt als „Roboter".

In diesem Band soll es aber ausschließlich um eine Sparte der Robotik gehen: um den Industrieroboter.

In der DIN 8373 ist der „Industrieroboter" so definiert:

*„automatisch gesteuerter, frei programmierbarer Mehrzweck-Manipulator, der in drei oder mehr Achsen programmierbar ist und zur Verwendung in der Automatisierungstechnik entweder an einem festen Ort oder beweglich angeordnet sein kann."*[1]

In der DIN ISO 8373 aus dem Jahr 2021 heißt es:

*„industrial robot*

*automatically controlled, reprogrammable multipurpose manipulator (4.14), programmable in three or more axes, which can be either fixed in place or fixed to a mobile platform (4.16) for use in automation applications in an industrial environment Note 1 to entry: The industrial robot includes:*

*– the manipulator, including robot actuators (4.1) controlled by the robot controller;*

*– the robot controller;*

*– the means by which to teach and/or program the robot, including any communications interface (hardware and software).*

*Note 2 to entry: Industrial robots include any auxiliary axes that are integrated into the kinematic solution.*

*Note 3 to entry: Industrial robots include the manipulating portion(s) of mobile robots, where a mobile robot consists of a mobile platform with an integrated manipulator or robot."*[2]

Der Industrieroboter unterscheidet sich folglich von anderen Robotern durch die folgenden Eigenschaften:

- Der Industrieroboter ist ein „Manipulator", d. h. ein Gerät mit mehreren Gelenken, das bewegen und/oder greifen kann.
- Der Industrieroboter hat mindestens 3 Achsen.
- Der Industrieroboter ist frei programmierbar.
- Der Industrieroboter ist fest oder beweglich stationiert (aber er kann sich nicht frei im Raum bewegen wie etwa ein Rettungs- oder Serviceroboter).
- Der Industrieroboter ist Teil der Automatisierungstechnik.

---

1 *DIN EN ISO 8373:2010-11 Entwurf, Absatz 2.9*

2 *Zitiert nach https://www.robots.com/education, abgefragt am 20.12.2015*

# 2 Typen der Industrieroboter

In der Praxis haben sich, abhängig von der jeweiligen Anwendung, bestimmte Typen von Industrierobotern herausgebildet. Sie unterscheiden sich nicht in den prinzipiellen Eigenschaften – frei programmierbar, mindestens 3 Achsen – sondern in der Art der Bewegung und der Optimierung für bestimmte Anwendung.

Um Bewegung zu ermöglichen, werden Achsen benötigt, die angetrieben sind. Heutige Roboter verwenden nahezu ausschließlich elektrische Antriebe. Es werden im Wesentlichen drei Antriebsarten unterschieden:

| | |
|---|---|
| Die „rotatorische" – also Drehbewegung – entspricht der üblichen Vorstellung vom Elektromotor, der meist ein Drehantrieb ist. | 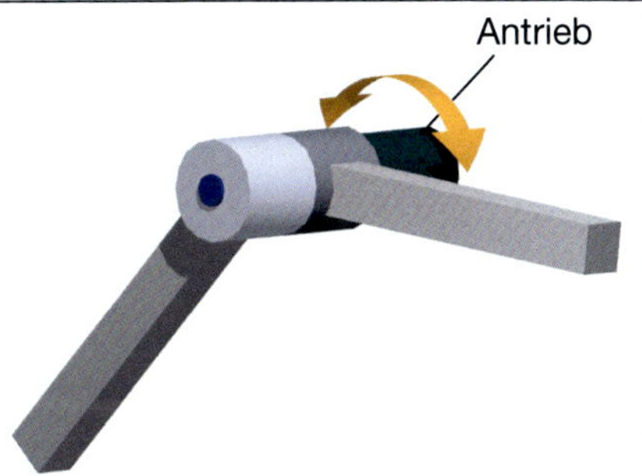<br><br>*Bild 1: Rotatorische Achse (Quelle: Technik und Medien GmbH, Berlin)* |
| Die „translatorische" – also lineare – Bewegung entspricht der üblichen Vorstellung eines Pneumatik- oder Hydraulikzylinders. Wird mithilfe eines elektrischen Antriebs eine translatorische Bewegung erzeugt, so muss entweder eine Zahnstange oder ein Riementrieb für die Umsetzung sorgen, oder ein Linearmotor kommt zum Einsatz. | 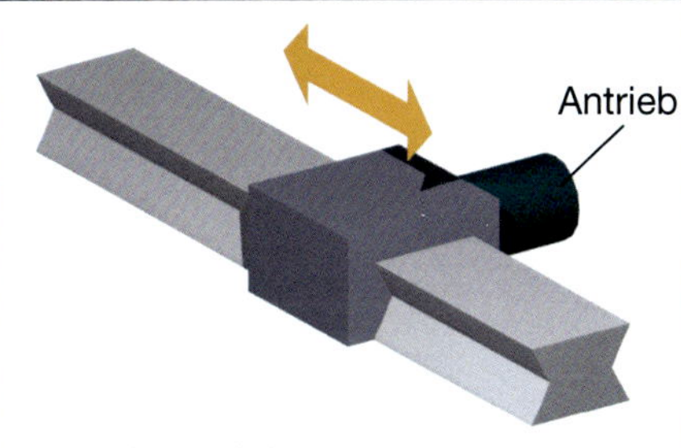<br><br>*Bild 2: Lineare Achse (Quelle: Technik und Medien GmbH, Berlin)* |
| Gekoppelte Antriebe erzeugen mithilfe mechanischer Konstruktionen und mehrerer Gelenke aus rotatorischen Antrieben einzelne Bewegungen, die meist in ihrer räumlichen Ausrichtung konstant bleiben. | 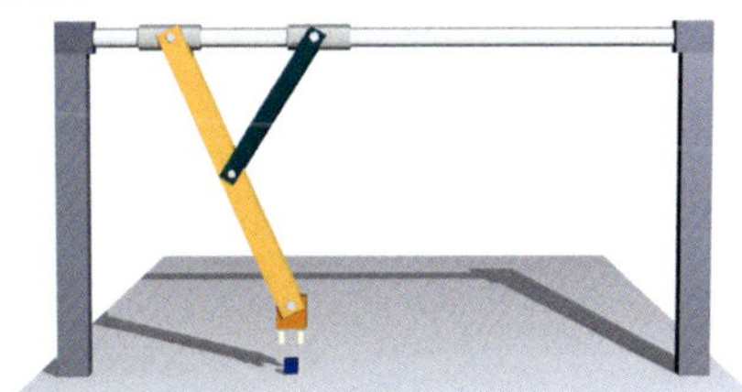<br>*Bild 3: Gekoppelte Achse (Quelle: Technik und Medien GmbH, Berlin)* |

Auf der Basis dieser Antriebe haben sich 4 wesentliche Typen von Industrierobotern herausgebildet:

## 2.1 Knickarm-Roboter

Der Universal- oder Knickarm-Roboter besteht vollständig aus rotatorischen Antrieben. Durch die typische Koppelung von 6 Drehantrieben wird ein System erzeugt, das den Effektor in jedem Punkt des Arbeitsraums zusätzlich in jede Richtung zeigen lassen kann. Damit entstehen aus den 6 Achsen des Knickarm-Roboters auch 6 Freiheitsgrade. Wegen dieser Universalität wird der Knickarm-Roboter oft auch Universal-Roboter genannt. Er ist der typische Industrieroboter mit dem größten Einsatzbereich und der größten Anzahl an eingesetzten Geräten.

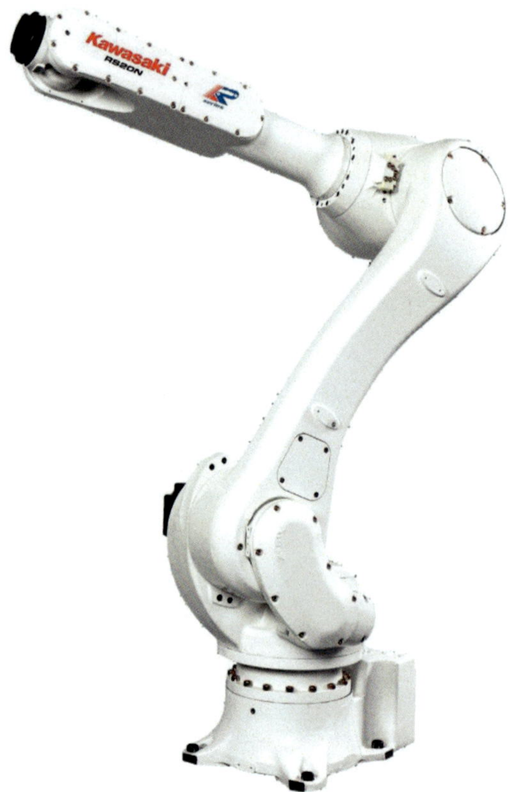


*Bild 4: Knickarm-Roboter (auch: Universal-Roboter) (Quelle: Kawasaki)*

## 2.2 Portalroboter

Für große Lasten in großen Arbeitsräumen hat sich der Portalroboter herausgebildet. Er arbeitet vor allem mit translatorischen Achsen. Durch die Verankerung an 2 oder – wie im Bild – an 4 Stellen wird eine große Steifigkeit erreicht.

*Bild 5: Portalroboter (Quelle: Parker Hannifin GmbH, Kaarst)*

Der Portalroboter hat schon äußerlich die größte Ähnlichkeit zum Handhabungsgerät. Werden die linearen Antriebe beispielsweise mit Pneumatik- oder Hydraulikzylinder ausgestattet, ergibt sich ein typisches Handhabungsgerät, das nicht frei programmierbar und deshalb kein Industrieroboter ist.

## 2.3 Scara-Roboter

Da die Anwendungen der Industrieroboter sehr häufig eine Ausrichtung in Z-Richtung benötigen (der Effektor ist senkrecht nach unten ausgerichtet), wurde der Scara- (Selective Compliance Assembly Robot Arm) Roboter entwickelt, dessen Achsen 1 und 2 horizontal gelagert sind.

*Bild 6: Scara-Roboter (Quelle: Kawasaki)*

Dadurch muss die Gewichtskraft der folgenden Achsen sowie des Effektors und der zu transportierenden Masse nicht vom Achsantrieb aufgefangen werden, sondern wird durch die Lagerung gehalten. Das Drehmoment des Achsantriebs in den Achsen 1 und 2 muss also „nur" die nachgelagerten Massen beschleunigen, nicht aber die Gewichtskraft halten. Die Achse 3 ist dann meist eine translatorische Achse in Z-Richtung, bewegt den Effektor also „auf" und „ab". Der Scara-Roboter wird in der Regel für Pick-and-Place-Aufgaben von kleinen Traglasten eingesetzt, wobei sehr hohe Geschwindigkeiten und besonders hohe Genauigkeiten erreicht werden, wie es z. B. für die Bestückung von Platinen oder die Montage von Handys notwendig ist.

## 2.4 Delta-Roboter

Der Delta-Roboter erzeugt durch die Verbindung mehrerer angetriebener rotatorischer Achsen ein System, das – ähnlich dem Scara-Roboter – in Richtung der Z-Achse, also „nach unten" arbeitet.

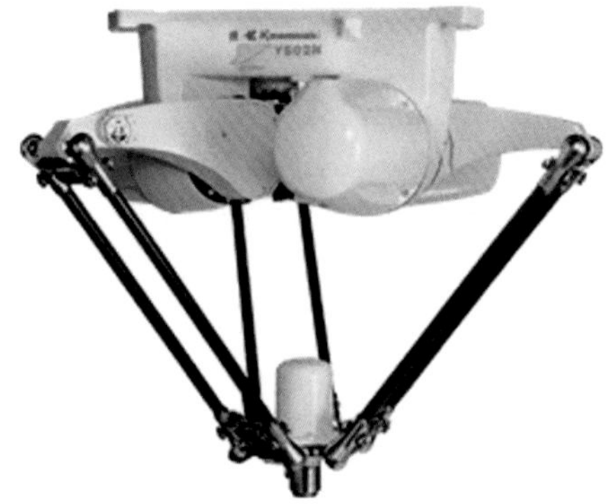

*Bild 7: Delta-Roboter (Quelle: Kawasaki)*

Die Stäbe, die die 3 rotatorischen Antriebe an der Basis miteinander verbinden, sind in der Regel sehr leichte Glasfiberstäbe. Dadurch erreichen Delta-Roboter ein vergleichsweise kleines Eigengewicht der bewegten Masse, können aber auch nur kleine Traglasten transportieren. Delta-Roboter dürften nach heutigem Stand die höchsten Transportgeschwindigkeiten erreichen. Dagegen können Scara-Roboter höhere Genauigkeiten garantieren.

## 2.5 Kombinationen

Die verschiedenen Robotertypen können je nach Aufgabenbereich erweitert und/oder miteinander kombiniert werden. Eine häufig genutzte Erweiterung ist die Zufügung einer linearen Achse zum Knickarm-Roboter. Der Roboter wird auf einer auf dem Boden liegenden Achse montiert und kann somit seinen Arbeitsbereich wesentlich vergrößern.

*Bild 8: Knickarm-Roboter auf einer Linearachse (Quelle: AKON Robotics, Bremen)*

Auch die Montage eines Knickarm-Roboters an einen Portalroboter vergrößert den Arbeitsraum erheblich. Schließlich kann ein Roboter auf ein fahrerloses Transportsystem montiert werden und wird damit innerhalb eines vorgegebenen Raumes frei beweglich.

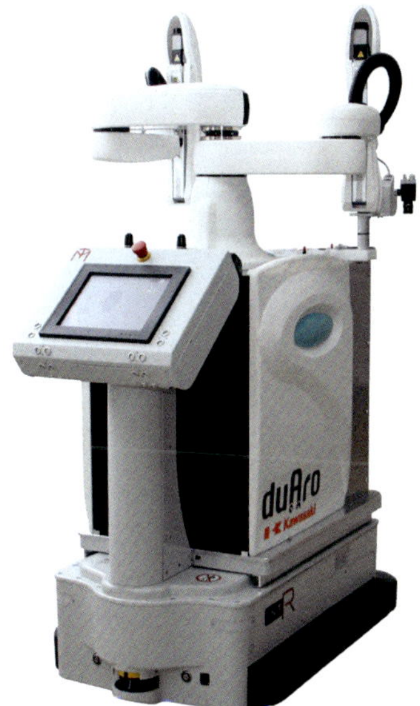


*Bild 9: Roboter auf einem fahrerlosen Transportsystem (Quelle: Kawasaki)*

## 2.6 Der kollaborative Roboter

Übliche Industrieroboter werden programmiert und führen dann das vorgegebene Programm exakt aus. Das geschieht mit aller Kraft, die dem jeweiligen Roboter zur Verfügung steht. Wenn sich im Weg des Roboterarms ein ungeplantes Hindernis befindet, kommt es zur Kollision. Wenn dieses „Hindernis" ein Mensch ist, dann kommt es zu einem (möglicherweise tödlichen) Unfall. Daher werden Roboter in Roboterzellen „gesperrt", die sorgfältig abgesichert sind. Sobald die Tür zur Zelle geöffnet wird, muss der Roboter sicher stehen bleiben.

In vielen Anwendungen führt dies aber zu aufwendigen Installationen, um Werkstücke zuzuführen oder abzuholen. Abhilfe schafft der „kollaborative" Roboter, der so abgesichert ist, dass er Hand in Hand mit dem Menschen arbeiten kann.

Die Kollaboration wird definiert:

*„collaboration: operation by purposely designed robots and person working within the same space"*[3]

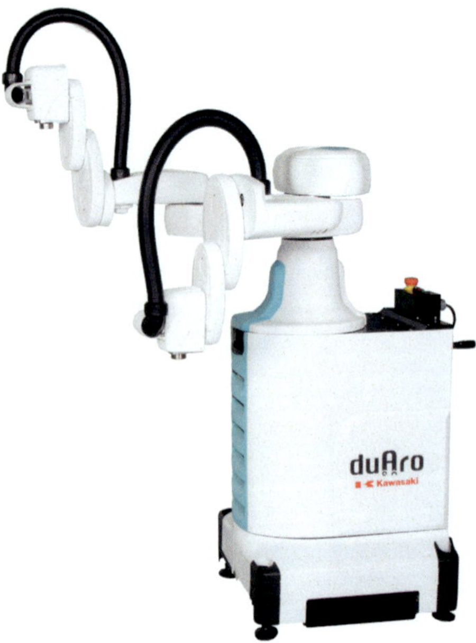


Im Bild ist ein solcher kollaborativer Roboter zu sehen, der zudem noch mit zwei Armen ausgestattet ist. Entscheidend dabei ist, dass eine sicherheitsgeprüfte Sensorik verbunden mit einer entsprechend niedrigen Geschwindigkeit sicherstellt, dass der Roboterarm stoppt, sobald ein Hindernis im Weg steht. Die Sensorik beruht auf Kraftmessung und Abstands-/Berührungssensorik.

3 *ISO 8373:2021, Abschnitt 3.13, Seite 2*

# 3 Grundlagen der Industrieroboter

Es ist nahezu unmöglich, sich mit dem Industrieroboter zu beschäftigen, ohne grundlegende Begriffe und damit einhergehende Konzepte zu kennen. In diesem Kapitel sollen diese „Vokabeln" des Industrieroboters erläutert werden.

## 3.1 Die Bestandteile eines IR

Ein Industrieroboter ist grundsätzlich aus 3 wesentlichen Bestandteilen aufgebaut, die untrennbar zusammen gehören. Das sind

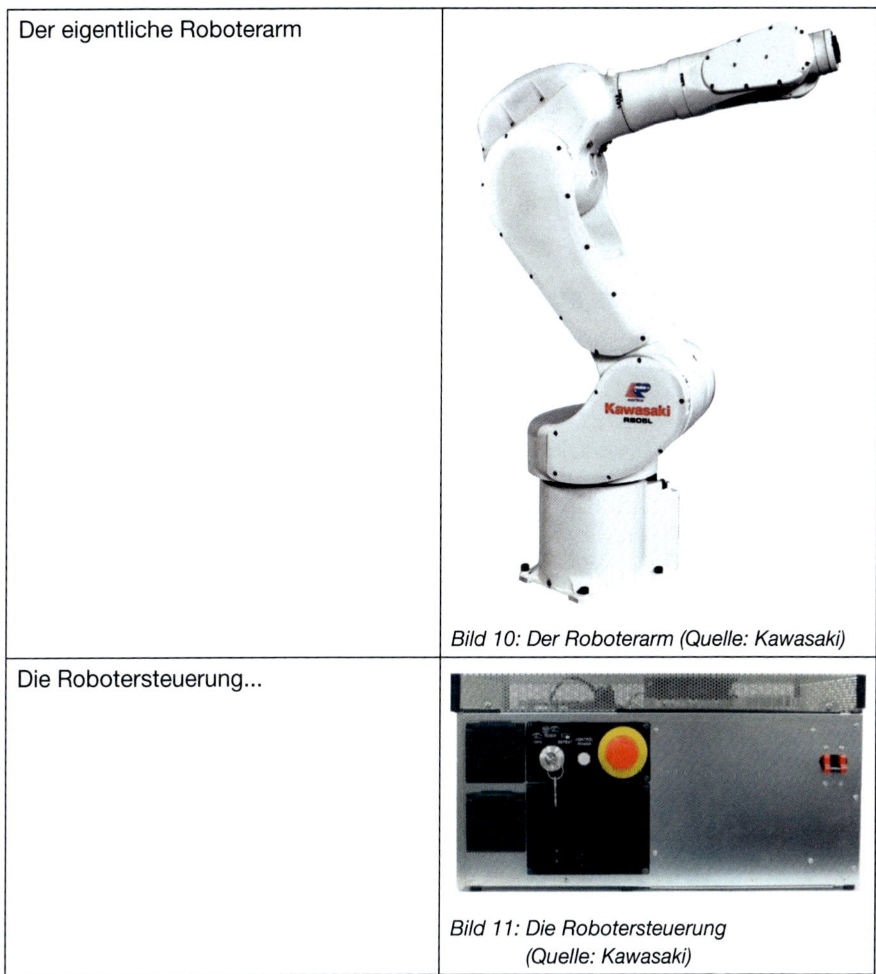


| | |
|---|---|
| Der eigentliche Roboterarm | *Bild 10: Der Roboterarm (Quelle: Kawasaki)* |
| Die Robotersteuerung... | *Bild 11: Die Robotersteuerung (Quelle: Kawasaki)* |

und das Roboter-Bedienpult.

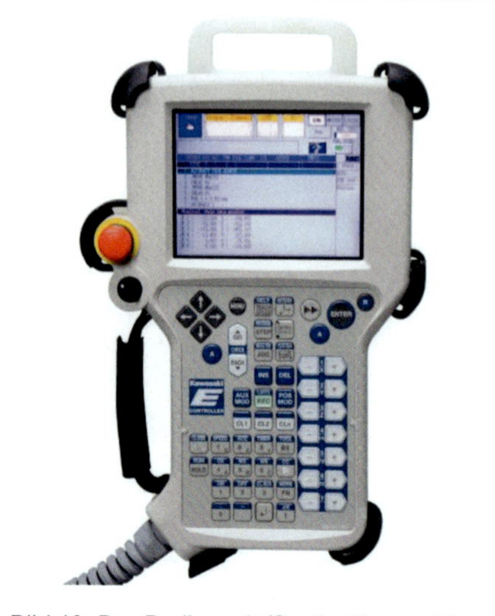

*Bild 12: Das Bedienpult (Quelle: Kawasaki)*

Der Roboterarm ist das eigentliche Arbeitsgerät mit den Achsantrieben und dem Flansch für den Effektor. Die Steuerung ist ein Computer-System mit einem für den Roboter angepassten oder eigens entwickelten Betriebssystem sowie den Leistungsverstärkern für die Achsantriebe. Das Bedienpult schließlich stellt das Interface zwischen Programmierer/in sowie Benutzer/innen und dem Roboter dar. Auch wenn das Bedienpult in der fertig programmierten Anwendung nicht ständig benutzt werden muss, der Roboter soll ja automatisch seine Aufgabe bearbeiten, gehört es fest zum Roboter.

## 3.2 Die Achsen

Die Achsen eines Industrieroboters bestehen aus 4 wesentlichen Komponenten: Das sind der eigentliche **Elektromotor**, heute in der Regel ein Synchronantrieb, dem dazu gehörenden **Getriebe** zur Drehmomentübersetzung, dem **Messsystem** zur Erfassung der Position der Achse und der elektromagnetisch zu öffnenden **Bremse**, die die Achse fixiert, wenn die Steuerung ausgeschaltet ist.

*Bild 13: Achsantrieb*

Die Achsen des Knickarm-Roboters sind eindeutig nummeriert.

Achse 1 dreht den Roboter horizontal.

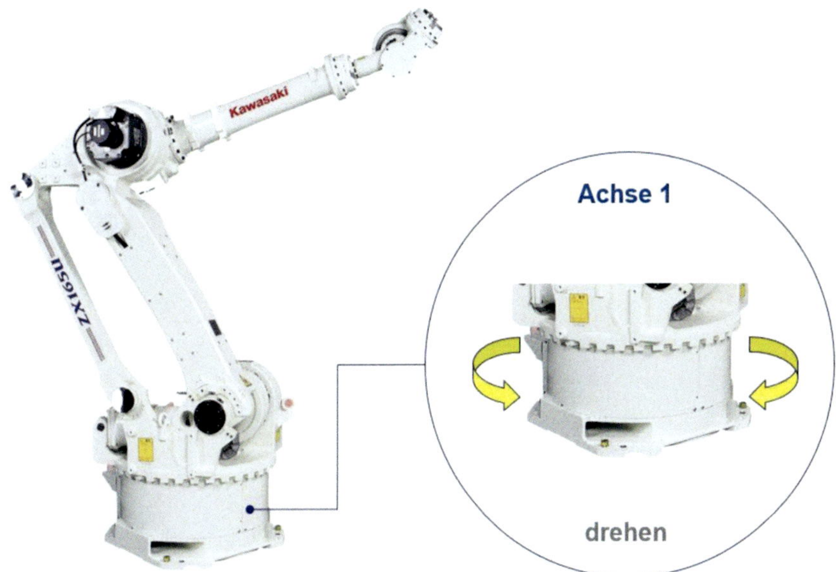


*Bild 14: Achse 1 (Quelle: Kawasaki)*

Achse 2 neigt den Arm.

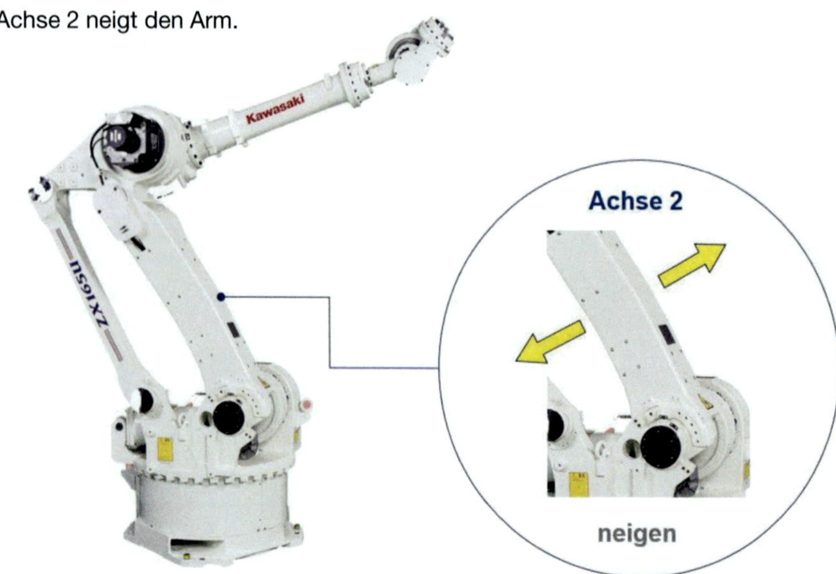


*Bild 15: Achse 2 (Quelle: Kawasaki)*

Achse 3 hebt oder senkt den Greifer.

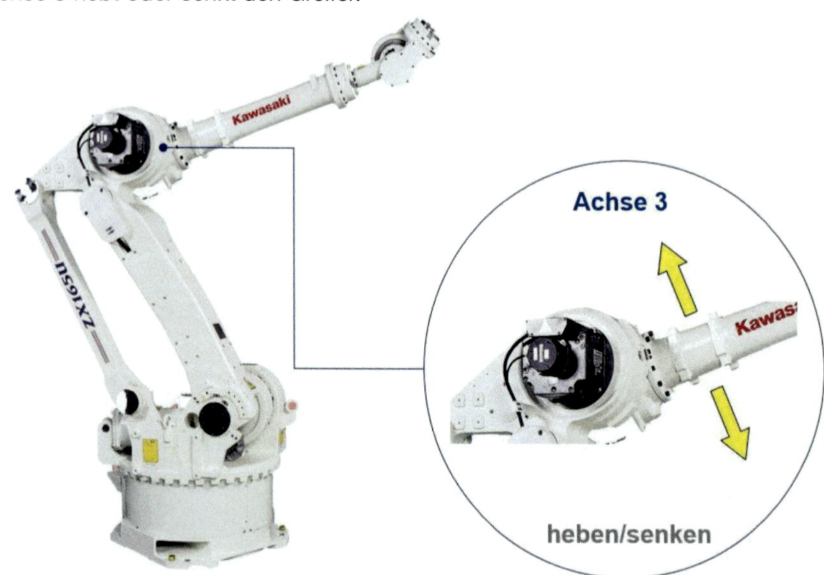


*Bild 16: Achse 3 (Quelle: Kawasaki)*

Achse 4 dreht das „Handgelenk“.

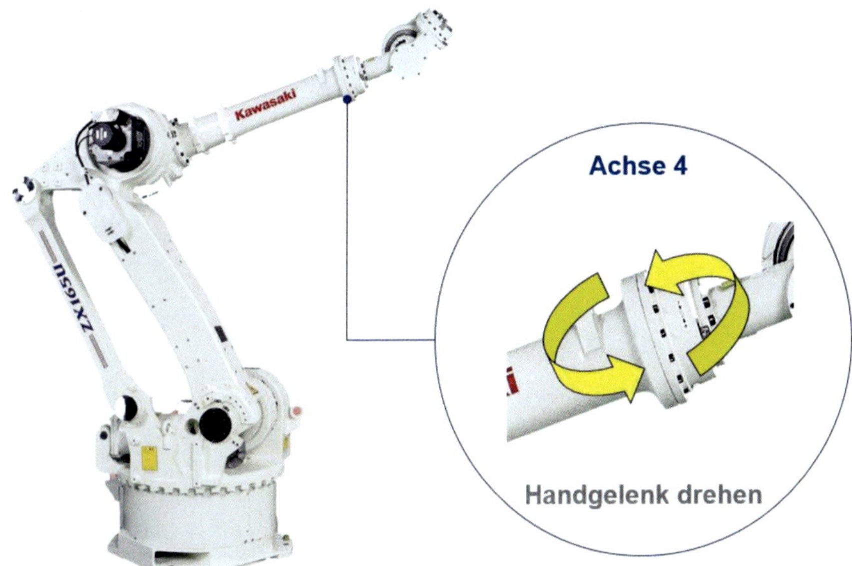


*Bild 17: Achse 4 (Quelle: Kawasaki)*

Achse 5 neigt das „Handgelenk“.

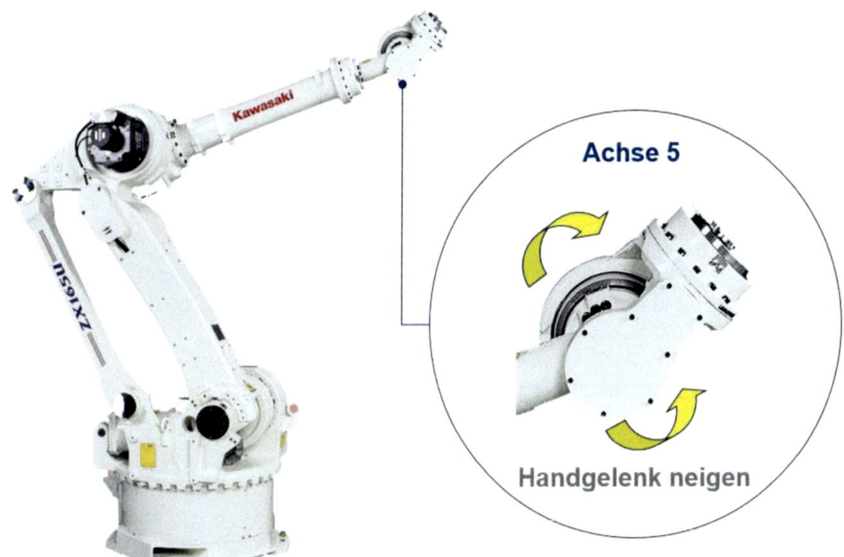


*Bild 18: Achse 5 (Quelle: Kawasaki)*

Achse 6 schließlich dreht den Flansch.

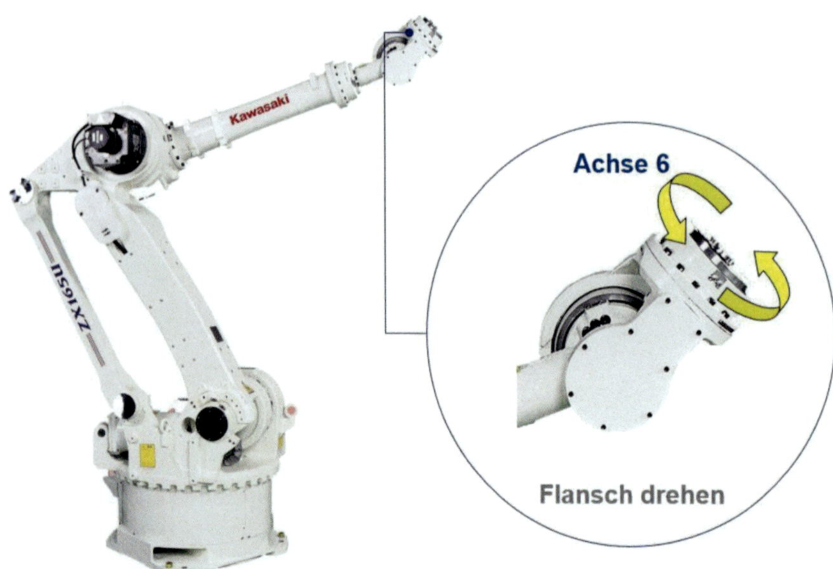


*Bild 19: Achse 6 (Quelle: Kawasaki)*

Allgemein:
Die Achsen werden vom Sockel aus gezählt, beginnend mit Achse 1.

### 3.3 Koordinatensysteme

Ein Industrieroboter soll mit seinem Effektor einen beliebigen Punkt in seinem Arbeitsraum erreichen. Nur, wo ist dieser Punkt? Wo ist das Werkstück abzuholen? Wo steht die Kiste, in die verpackt werden soll? Wo ist der Punkt, der mit dem Punktschweißgerät verschweißt werden soll?

Die meisten dieser Fragen sind nur zu beantworten, indem Punkte im Raum definiert werden. Das wesentliche Werkzeug hierfür ist das Koordinatensystem. Mit dem Koordinatensystem kann ein Punkt ausgehend vom Ursprung des Koordinatensystems definiert werden und zusätzlich die Richtung, in die ein Werkzeug im definierten Punkt zeigt. Angenommen, der Roboter sei mit einem Bohrer am seinem Flansch ausgestattet, dann wird deutlich, dass die Richtung angegeben werden muss, in die der Bohrer zeigen und bewegt werden soll. Für diese Richtung werden die Drehwinkel um die 3 Achsen des Koordinatensystems angegeben.

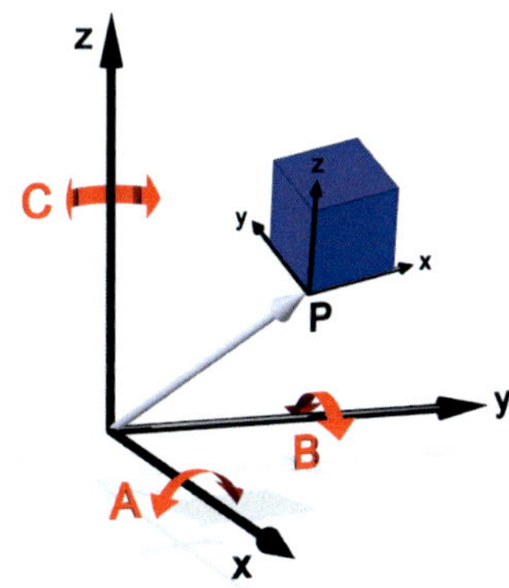


*Bild 20: Koordinatensystem (Quelle: Technik und Medien GmbH, Berlin)*

In der Robotik wird üblicherweise das kartesische Koordinatensystem angewandt, dessen X-, Y- und Z-Achse entsprechend der „Rechtehandregel" angeordnet sind:

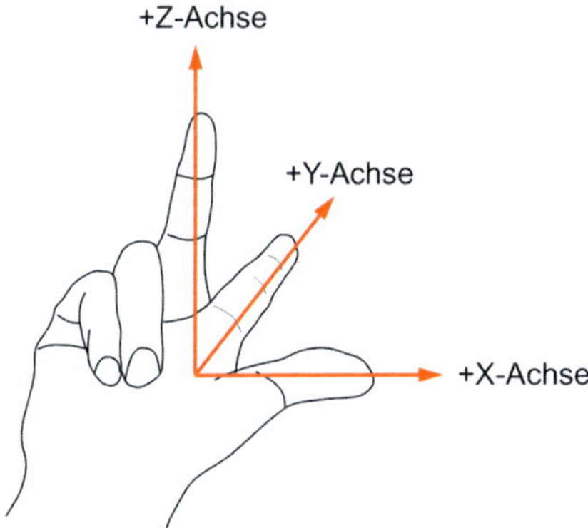


*Bild 21: Rechtehandregel (Quelle: Technik und Medien GmbH, Berlin)*

Jedes Koordinatensystem muss einen Ursprung haben, in dem die Werte aller Koordinaten 0 sind. Dieser Nullpunkt des Koordinatensystems ist der Ausgangspunkt für jede Punktdefinition des Roboters. Der Ursprung eines Koordinatensystems ist prinzipiell beliebig wählbar. Die wesentlichen Koordinatensysteme sind aber eindeutig definiert.

| | |
|---|---|
| Das **Welt-Koordinaten-System (world coordinate system)** hat seinen Ursprung im Nullpunkt der „Welt" des Roboters (nach Norm: „mit der Erde als Bezug"[4]), also in einem frei gewählten Punkt des Arbeitsraums des Roboters. | 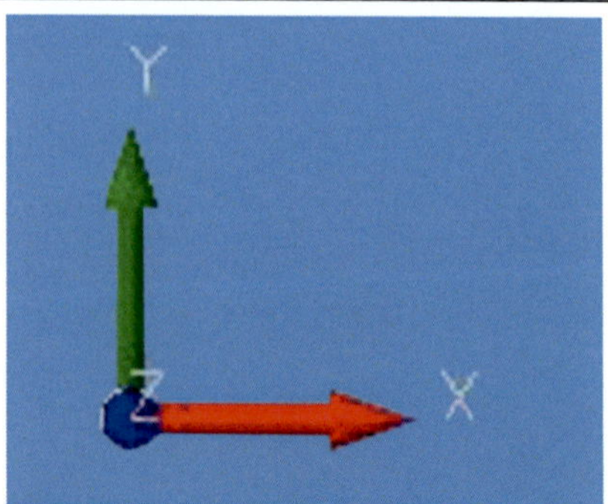  *Bild 22: Welt-Koordinatensystem* |
| Wenn mit der Simulationssoftware K-ROSET eine neue Zelle erstellt wird, ist das Welt-Koordinatensystem zentral zu erkennen. Die Z-Achse sieht dabei senkrecht aus dem Bildschirm heraus. Die „Rechtehandregel" benötigt also den Betrachter „hinter" der Y-Achse. |   *Bild 23: Blickrichtung auf das Welt-Koordinatensystem* |

4 *DIN 8373:2010-11, S. 13, 4.7.1*

Ausgehend vom Welt-Koordinatensystem kann ein Roboter in der Arbeitszelle des Roboters positioniert werden. Nun ist ein Roboter ein komplexes Gebilde. Daher ist es nicht möglich, einen Punkt des Welt-Koordinatensystems anzugeben, in dem der Roboter positioniert wird, wenn der Roboter selbst nicht auch ein Koordinatensystem mit einem Nullpunkt hat. Das ist das **Basis-Koordinatensystem (base coordinate system)**, das seinen Ursprung im Sockel des Roboters hat. Wo genau der Nullpunkt des Basis-Koordinatensystems liegt, definiert der Hersteller des Roboters. Im Bild rechts ist das Basis-Koordinatensystems des Kawasaki RS010L nicht am Boden des Roboters angeordnet, sondern auf der Höhe der Achse 2 des Roboters. Der Roboter selbst ist in diesem Beispiel in positiver Y-Richtung des Welt-Koordinatensystems verschoben angeordnet.

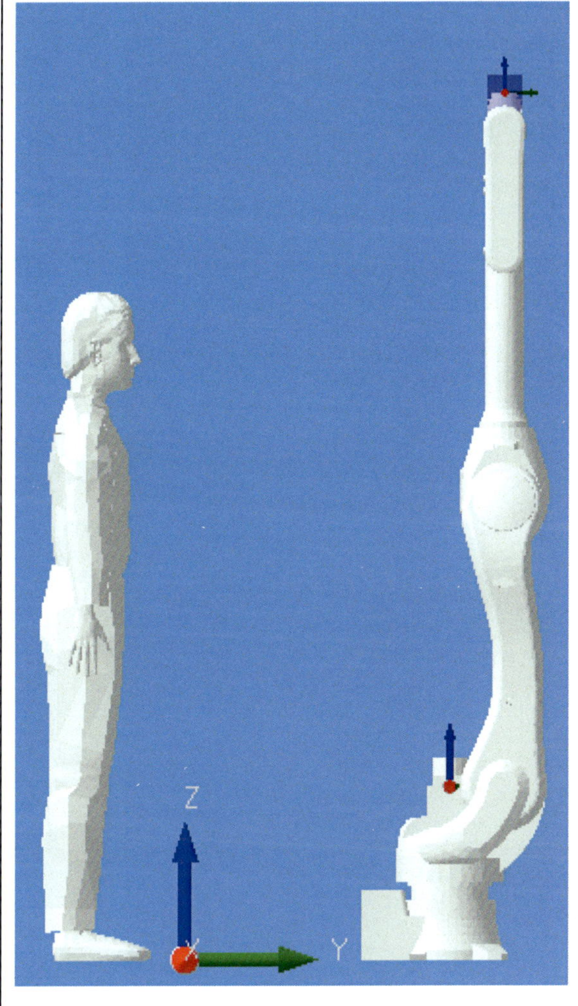


*Bild 24: Welt- und Basis-Koordinatensystem*

| | |
|---|---|
| Die Rechtehandregel gilt auch für das Basis-Koordinatensystem des Roboters. Es ist dabei vereinbart, dass die Person auf die Energieanschlüsse des Roboters sieht („hinter" dem Roboter steht) und die rechte Hand so hält, dass auf die Handinnenfläche geblickt wird. Dann zeigt der Daumen in Richtung der X-Achse, der Zeigefinger in Richtung der Y-Achse und der Mittelfinger in Richtung der Z-Achse nach oben. | 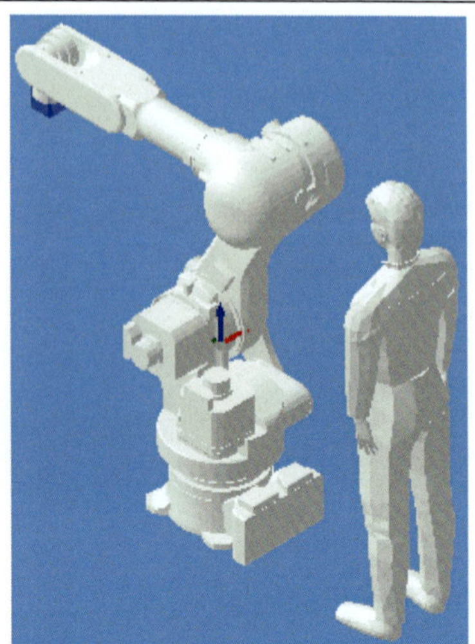<br>*Bild 25: Blickrichtung auf die Energiezufuhr des Roboterarms* |
| Sobald der Roboter schräg im Raum beispielsweise auf einem Sockel platziert wird, stimmen die Richtungen des Basis-Koordinatensystems nicht mehr mit den Richtungen des Welt-Koordinatensystems überein. | 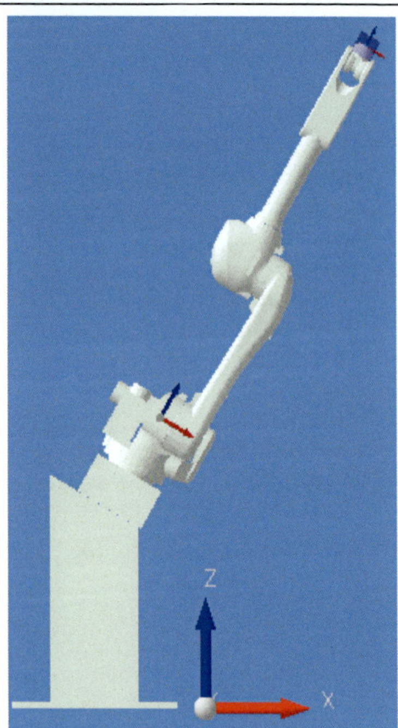<br><br>*Bild 26: Welt- und Basis-Koordinatensysteme* |

<table>
<tr>
<td>Wird als Effektor ein Bohrer genutzt, dann ist deutlich, dass die Richtung des Bohrers entscheidend ist. Um den Bohrer zu bewegen, wird das Tool-Koordinatensystem eingeführt.<br>Das Tool-Koordinatensystem, auch Werkzeugkoordinatensystem, (tool coordinate system) hat seinen Ursprung im „Tool-Center-Point“. Der „TCP“ liegt im Zentrum des Flansches, an dem ein Werkzeug oder Greifer montiert wird. Die Z-Achse sieht senkrecht aus dem Flansch heraus.</td>
<td>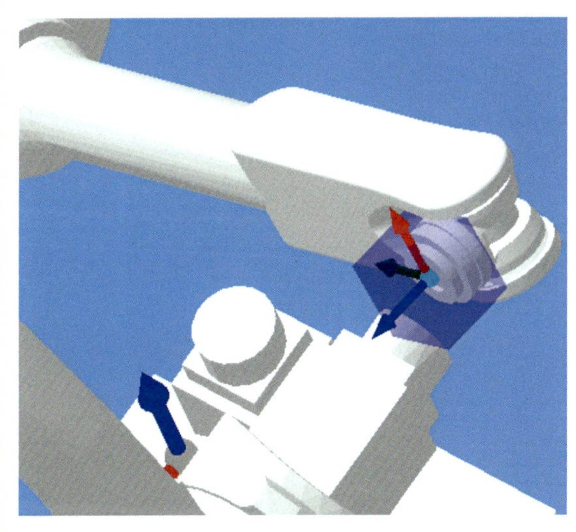<br>Bild 27: Tool-Koordinatensystem</td>
</tr>
<tr>
<td>In der Praxis wird der TCP häufig verschoben, sodass der Nullpunkt des Tool-Koordinatensystems dann an der Spitze des Werkzeugs oder im Zentrum des Greifers liegt.</td>
<td>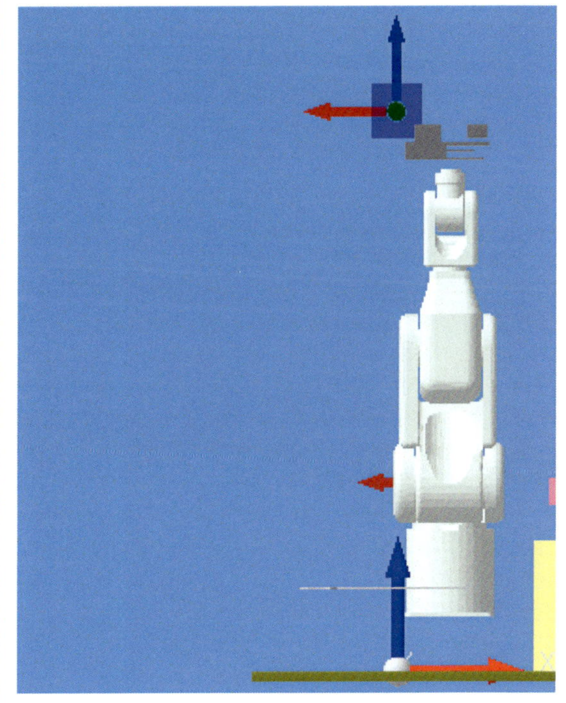<br>Bild 28: Verschobenes Tool-Koordinatensystem</td>
</tr>
</table>

Um die Programmierarbeit zu erleichtern, wird bei Bedarf noch das **Werkstück-Koordinatensystem** eingeführt, dessen Ursprung an einer Ecke oder im Zentrum des Werkstücks liegt.

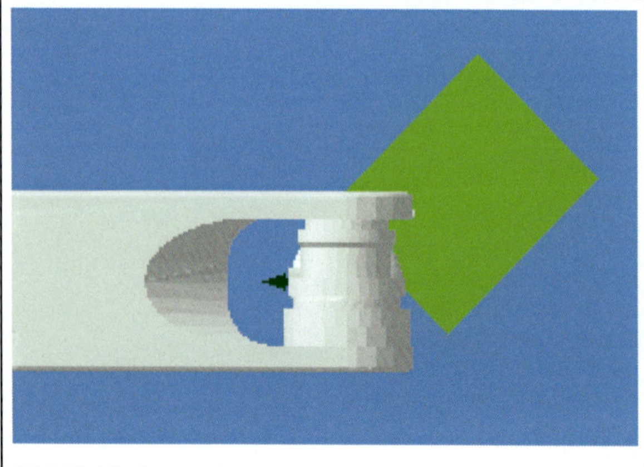

*Bild 29: Werkstück-Koordinatensystem*

## 3.4 Der Arbeitsraum

Der Arbeitsraum eines Roboters ist eine entscheidende Größe für die Einsatzplanung des Roboters. Praktisch muss für jede Anwendung die Frage beantwortet werden, ob der Roboter mit seinem Effektor überhaupt alle Punkte erreichen kann, die für die Arbeit notwendig sind, und zwar ohne Kollision mit Hindernissen irgendwelcher Art.

Arbeitsraum ist nach DIN 8373 definiert als der „Raum, der vom Nebenachsen-Bezugspunkt erreicht werden kann, zuzüglich des Rotations- oder Translationsbereiches eines jeden Gelenkes der Nebenachsen.“[5]

Die aktuelle Norm unterscheidet mehrere „Arbeitsräume“.

Dies beginnt beim „maximum space“, der den gesamten Bereich umfasst, der mit dem Endeffektor erreicht werden kann, bis zum „working space“, der den Bereich umfasst, den der Referenzpunkt der Handachsen erreichen kann.

Für die Betrachtung des Roboters allein und seiner Einsatzmöglichkeiten ist der maximum space der wesentliche Arbeitsbereich. Denn anhand des maximum space wird ermittelt, ob das Werkzeug einen bestimmten Punkt im Raum erreichen kann.

Ist der Roboter dann in eine konkrete Anwendung eingebunden, wird der Arbeitsraum deutlich kleiner. Denn er muss auch eingeschränkt werden um die Bereiche, die der Roboter nicht erreichen oder durch die der Roboter nicht bewegt werden darf.

Für diesen Crashkurs ist der Arbeitsraum der Bereich, den der Tool Centre Point (TCP) erreichen kann. Der TCP ist der Nullpunkt des Flansches, an dem der Endeffektor angebracht wird.

Die äußeren Grenzen des Arbeitsraums sind in direkter Verbindung mit dem Robotertyp zu sehen.

5 *DIN 8373:2010-11, S. 13, 4.8.4*

Der **Knickarm-Roboter** kann horizontal mit Achse 1 nahezu einen Kreis abfahren sowie vertikal einen Bogen. Daraus ergibt sich ein kugeliger oder „apfelförmiger" Arbeitsraum. Die nebenstehende Ansicht zeigt nicht exakt die äußeren Grenzen des Arbeitsraums, verdeutlicht aber die ungefähre Form des Arbeitsraums des Knickarm-Roboters.

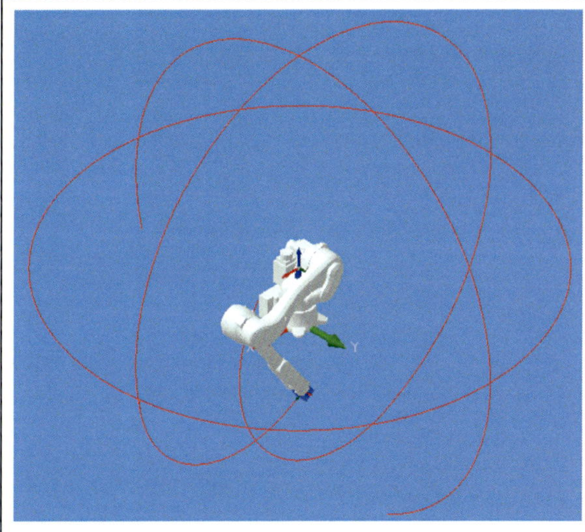

*Bild 30: Kugeliger Arbeitsraum*

Die Seitenansicht zeigt die kugelige Form noch klarer.

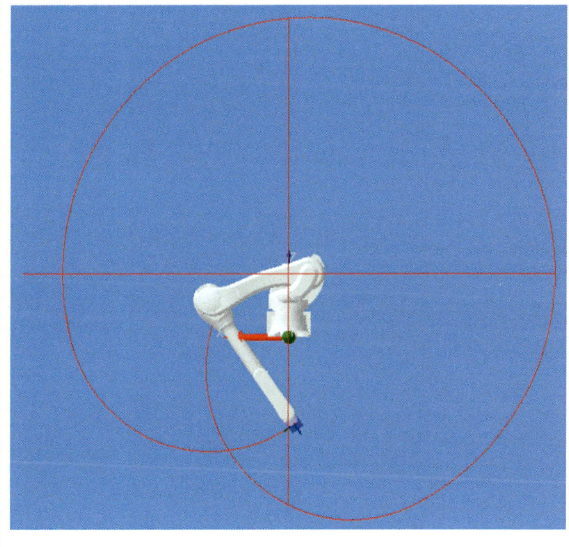

*Bild 31: Seitenansicht des Arbeitsraums*

| | |
|---|---|
| Der Portalroboter hat einen sehr einfach zu erkennenden Arbeitsraum, ein Rechteck, das eindeutig durch die Sockel des Systems begrenzt ist. |  *Bild 32: Arbeitsraum des Portalroboters (Quelle: Technik und Medien GmbH, Berlin)* |
| Der Scara-Roboter kann mit seinen Achsen 1 und 2 „um sich" greifen, bildet also einen zylindrischen Arbeitsraum. |  *Bild 33: Arbeitsraum des Scara-Roboters (Quelle: Technik und Medien GmbH, Berlin)* |
| Der Delta-Roboter arbeitet grundsätzlich von oben nach unten. Er bildet daher wie der Scara-Roboter einen zylindrischen Arbeitsraum. Dabei ist der Zylinder aber ausgefüllt, der Roboter kann also auch innerhalb des Zylinders an alle Positionen gelangen. | 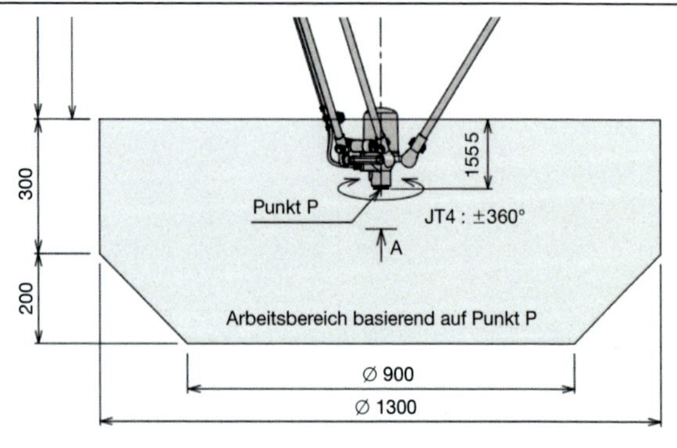  *Bild 34: Arbeitsraum des Delta-Roboters (Quelle: Kawasaki)* |

## 3.5 Die Bewegung des Roboters

Der TCP des Roboters wird grundsätzlich von Punkt zu Punkt bewegt. Die Robotersteuerung muss also für einen Bewegungsbefehl

- die Stellung aller 6 Achsen am Startpunkt feststellen,
- die Stellung aller 6 Achsen am Zielpunkt berechnen und
- die notwendige Bewegung aller 6 Achsen vom Start- zum Zielpunkt berechnen.

Aus dieser Berechnung ergibt sich die notwendige Bewegung jeder einzelnen Achse. Achse 1 etwa soll sich um 7,3° bewegen, Achse 2 um –25°, Achse 3 um –120°, Achse 4 bewegt sich nicht ...

Die Robotersteuerung prüft nun, welche Achse die längste Zeit für die notwendige Bewegung benötigt. Diese Berechnung ergibt sich aus der Länge der Bewegung sowie der Belastung der Achse.

Schließlich wird für jede Achse einzeln ein „Arbeitsauftrag“ vergeben:

- Achse 1: Bewegung um 7,3° in 0,6 s
- Achse 2: Bewegung um –25° in 0,6 s
- Achse 3: Bewegung um –120° in 0,6 s

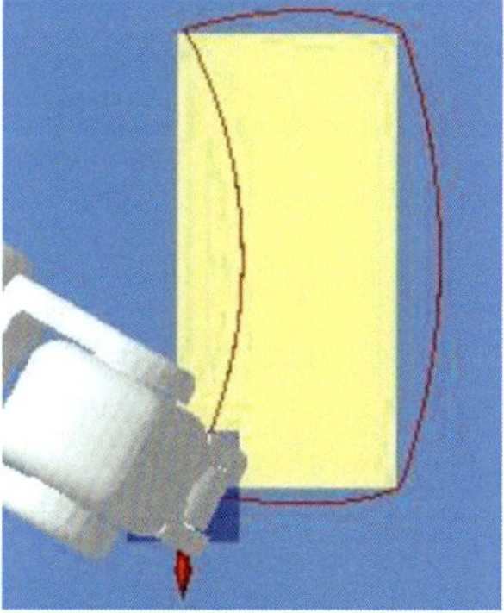

*Bild 35: Joint-Move*

Das Leistungsmodul der jeweiligen Achse führt nun quasi autonom diese Bewegung durch.

Die Konsequenzen dieser Technik sind,

- dass die Bewegung in der kürzest möglichen Zeit ausgeführt wird, denn schneller als die „langsamste“ Achse kann die Bewegung nicht beendet werden, und
- dass die Bewegung mit dem geringstmöglichen Energieaufwand und Verschleiß ausgeführt wird, denn 5 von 6 Achsen können „sich Zeit lassen“, benötigen also weniger Energie und belasten die Mechanik des Systems weniger als möglich.

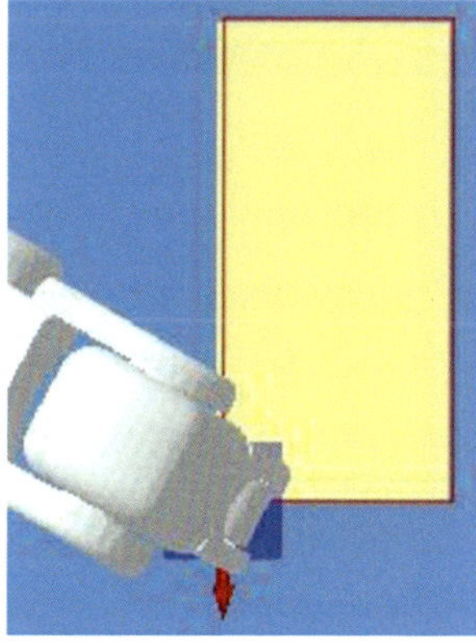

*Bild 36: Linear-Move*

Da nach der anfänglichen Punktanalyse jede Achse einzeln bewegt wird, ohne die übrigen Achsen zu berücksichtigen, dennoch der Roboter am Ende an der richtigen Position ankommt, was das **gemeinsame** Ergebnis aller Einzelbewegungen ist, wird von der **JOINT**-Bewegung gesprochen.

In vielen Fällen ist diese Bewegung aber nicht erwünscht. Wenn eine Schweißpistole eine Schweißnaht abfahren soll, eine Klebepistole eine Klebelinie auftragen soll, ein Bohrer ein Loch bohren soll oder eben der Roboter nicht irgendwie zum Ziel kommen soll, sondern genau auf einer geraden Linie dorthin, dann muss die Steuerung anders vorgehen. Die Linie vom Start- zum Zielpunkt wird dafür zuerst in sehr viele extrem kurze Abschnitte unterteilt. Erst nach dieser Unterteilung geht die Robotersteuerung wieder genauso vor, wie vorher beschrieben. Da aber die Abstände zwischen den von der Robotersteuerung benutzten Zwischenpunkten sehr klein sind, ergibt sich für den gesamten Weg eine **lineare** Bewegung. Die Linie zwischen zwei Punkten ist immer der kürzeste Weg von Start zu Ziel. Da die Robotersteuerung aber eine Vielzahl von Punkten berechnen muss, ist die lineare Bewegung deutlich langsamer als die JOINT-Bewegung.

**Merke:**

Eine JOINT-Bewegung ist eine Bewegung in kürzester Zeit,

eine LINEARE Bewegung ist eine Bewegung auf kürzestem Weg.

## 3.6 HOME – Die Grundstellung des Roboters

Nahezu jede Maschine in der Industrie kennt die „Grundstellung“ ebenso wie den „Richten“-Befehl, mit dem eine Anlage in ihre Grundstellung verfahren wird. Das ist auch bei Industrierobotern nicht anders. Allerdings wird hier nicht von Grundstellung sondern von Home-Position gesprochen, oder besser von der HOME-Pose, denn Home beinhaltet nicht nur die Angabe der Position im X/Y/Z-Koordinatensystem sondern auch die Angabe der Richtung, in die das Tool-Koordinatensystem zeigt.

Die HOME-Pose ist anwendungsspezifisch. Je nach Bedarf, Platzverhältnissen und Wegen wird für eine Anwendung eine HOME-Pose gewählt, die passt. Je nach Roboterhersteller sind auch mehrere HOME-Poses möglich.

Der „Richten“-Befehl des Maschinenbaus wird beim Industrieroboter als eigenständiger Befehl der Roboter-Programmiersprache geführt.

```
HOME
```

ist also ein Programmierbefehl, der erzwingt, dass der Roboter in einer JOINT-Bewegung zur HOME-Pose zurückkehrt.

## 3.7 Die Genauigkeit der Bewegung des Roboters

Der Roboterhersteller gibt an, mit welcher Wiederholgenauigkeit der TCP des Roboters einen programmierten Punkt in jedem Zyklus erreichen kann. Diese Genauigkeit ist für die jeweilige Anwendung von mehr oder weniger großer Bedeutung. Im Abschnitt „Der Roboter ist präzise“ wird näher auf die Bedeutung dieser Genauigkeit eingegangen.

Damit die angegebene Genauigkeit eingehalten werden kann, muss die Robotersteuerung die Achsen vom

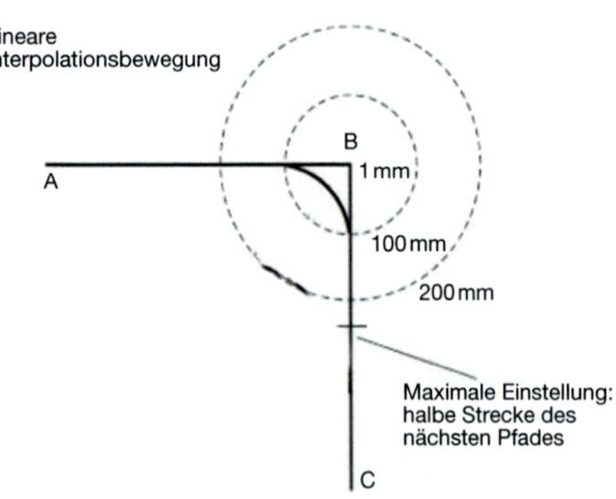

*Bild 37: Genauigkeit (Quelle: Kawasaki)*

Ausgangspunkt aus **beschleunigen**, auf der vorgesehenen Bahn bewegen, **abbremsen** und schließlich am Zielpunkt **anhalten**. Für viele Bewegungen ist diese Abfolge aber völlig überflüssig. Ganz oft soll der TCP zwar über Zwischenpunkte bewegt werden, aber nicht um den Punkt exakt zu erreichen, sondern damit der Effektor beispielsweise an einem Hindernis vorbei bewegt wird, in eine Öffnung gelangen kann o. ä. Ebenso soll häufig eine Ecke gar nicht im 90°-Winkel ausgefahren werden, sondern eher abgerundet werden, ohne dabei den Radius oder den Kurvenverlauf exakt angeben zu müssen.

Für diese Aufgaben kann die Genauigkeit, oder die „Accuracy" eingeschränkt werden.

Beim Teachen kann die Angabe „ACC" mit Werten von 0 bis 4 angegeben werden, bei der textuellen Programmierung mit dem Befehl Accuracy und der Angabe des Abstandes zum Zielpunkt. Der TCP bewegt sich dann nicht zum Endpunkt (hier von A nach B), sondern biegt am Eintritt in den mit Genauigkeit angegebenen Kreis direkt ab zum Austritt der ursprünglichen Bewegung.

## 3.8 Der Roboter ist präzise

Natürlich sind Industrieroboter „präzise", „genau", „hochpräzise", „besonders genau" oder „um 30 % genauer als vorher". Solche Aussagen sind wenig aussagekräftig, wenn sie nicht technisch eingeordnet werden. Wovon wird also gesprochen, wenn „der Roboter" besonderes „präzise" ist?

Grundsätzlich geht es bei der Angabe der Genauigkeit darum, wie genau der Tool Center Point, also der Nullpunkt des Werkzeug-Koordinatensystems einen programmierten Punkt immer wieder erreichen kann. Die Genauigkeitsangabe des Herstellers soll informieren, wie groß die Hysterese, d. h. die Ungenauigkeit, ist, wenn der Roboter mit maximaler Last und 100 % der für diese Last zulässigen Geschwindigkeit einen Punkt ansteuert.

Die Angabe des Roboterherstellers ist in Bezug zu setzen zur Anwendung. Sollen Zementsäcke auf eine Palette gepackt werden, dürfte eine Ungenauigkeit von +/–2 mm (also eine maximale Verschiebung von 4 mm zwischen zwei Bewegungsvorgängen zum gleichen Punkt) unproblematisch sein und als „genau" gelten. Soll aber eine 2-mm-Schraube eingeschraubt werden, dann ist bereits eine Ungenauigkeit von +/–0,5 mm zu groß, um in jedem Fall genau die Schraubposition zu erreichen.

Die Roboterhersteller geben zu ihren Robotern jeweils die Genauigkeit an. Die Ungenauigkeit steigt allgemein mit größerer werdender Traglast und größerem Arbeitsraum.

Ein Scara-Roboter mit geringer Traglast wie der Epson Scara-G1 wird mit einer horizontalen Wiederholgenauigkeit von +/–0,005 mm spezifiziert, für den Kawasaki MX700 mit 700 kg Traglast und einer maximalen Reichweite von 2500 mm gilt dagegen eine Ungenauigkeit von +/–0,5 mm.

Die Ungenauigkeiten der beiden Robotertypen liegen um den Faktor 100 auseinander. Dennoch gelten beide Roboter als „hochpräzise" – in ihrem jeweiligen Arbeitszusammenhang.

## 3.9 Der Roboter ist schnell

Ebenso wie Angaben zur Genauigkeit sind Angaben zur Geschwindigkeit nur in ihrem jeweiligen Zusammenhang zu verstehen. Dass der „neue“ Roboter „ganz besonders schnell“ ist, kann leicht behauptet werden, solange nicht angegeben wird, was mit „schnell“ gemeint ist.

Es gibt keine allgemeine Definition der Geschwindigkeit eines Roboters. In der DIN 8373 wird lediglich zwischen „Einzelgelenkgeschwindigkeit“ und „Bahn-Geschwindigkeit“ unterschieden.

Es ist aber hilfreich, das Konzept von Geschwindigkeit ein wenig genauer zu untersuchen.

Der Roboterhersteller kann in der Regel nicht angeben, wie schnell der Roboter beispielsweise einen Schokoladenriegel vom Band in einen Karton transportieren kann. Denn die Schnelligkeit ist ganz wesentlich vom Gewicht der Last (Objekt plus Greifer), von der Weglänge und der Lage des Transportweges relativ zum Roboter abhängig. Angegeben wird aber die maximale Winkelgeschwindigkeit einer einzelnen Achse. Kawasaki Robotics gibt beispielsweise für die Achse 1 des RS003 eine maximale Winkelgeschwindigkeit von 360°/s an. Die maximale Winkelgeschwindigkeit entspricht nicht der Durchschnittsgeschwindigkeit. Denn die Durschnittsgeschwindigkeit schließt die Beschleunigung zu Beginn und den Bremsweg am Ende der Bewegung ein.

Angenommen der genannte RS003 hätte alle Achsen so gestreckt, dass der TCP 700 mm vom Ursprung des Basis-Koordiniaten entfernt wäre, wäre die maximale Geschwindigkeit v auf dieser äußersten Bahn 4400 mm/s. Dabei würde sich nur Achse 1 bewegen.

Wenn nun mehrere Achsen gleichzeitig arbeiten, dann ergibt sich im Idealfall die von Kawasaki angegebene Geschwindigkeit von 6000 mm/s.[6]

Für den Anwender hat dies allenfalls eine theoretische Bedeutung. Um vorab einschätzen zu können, wie schnell der Roboter in einer konkreten Anwendung sein wird, bietet die Simulationssoftware die Möglichkeit, die zu erreichende Geschwindigkeit zu berechnen. Im folgenden Bild ist zu sehen, dass die Simulationssoftware eine Zeit von 2,358 Sekunden für die Bewegung berechnet. Der gesamte Bewegungsablauf beinhaltet einen programmierten Weg von 2600 mm, das würde einer Durchschnittsgeschwindigkeit von 1102,6 mm/s ergeben.

6 *Kawasaki Robotics: R-Serie_de.pdf, S. 3, Stand: 02/2016*

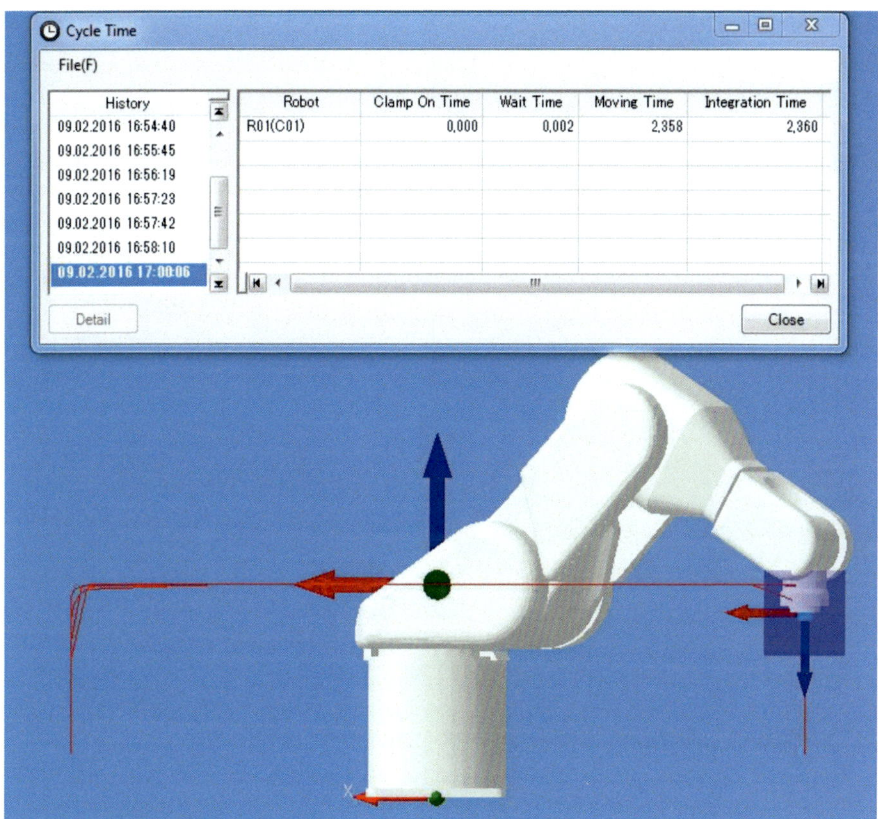


*Bild 38: Geschwindigkeit*

Nur für Delta-Roboter gibt es eine von den Herstellern gemeinsam definierte Aufgabe, mit der die Angabe der Geschwindigkeit annähernd vergleichbar wird. Dabei wird die Zeit gemessen, die der TCP für einen vollständigen Zyklus (Hin- und Rückweg) benötigt. Die zurückzulegende Strecke ist mit 305 mm horizontal und jeweils 25 mm vertikal angegeben. Der gesamte Zyklus hat also eine Weglänge von 710 mm. Die Hersteller geben dann an, wie lange ein solcher vollständiger Zyklus dauert. Damit sind Beschleunigungs- und Bremsrampen enthalten, aber keine Arbeitszeiten für z. B. Greifen, Kleben, Bohren o.ä.. Kawasaki beispielsweise spezifiziert den YF002 mit einer Zykluszeit von 0,3 Sekunden bei 0,5 kG Nutzlast für diesen 25-305-25-25-305-25-mm-Weg[7].

7 *brochure_robots_pick-and-place-robots_en_01_2021.pdf, Stand 04/2022*

## 3.10 Programmiermethoden

Ein Industrieroboter wird erst vom Handhabungsgerät zum Roboter, weil er jederzeit umprogrammierbar ist. Die freie Programmierbarkeit ist also eine wesentliche Eigenschaft, um überhaupt von einem Roboter sprechen zu können.

Die Programmierung von Industrierobotern wird in zwei Gruppen unterteilt: Die Offline- und die Online-Programmierung. Bei der Online Programmierung ist die direkte Verbindung zur Robotersteuerung permanent notwendig. Bei der Offline-Programmierung kann unabhängig vom Roboter am PC so lange programmiert werden, bis das Programm schließlich zur Robotersteuerung heruntergeladen und getestet werden soll.

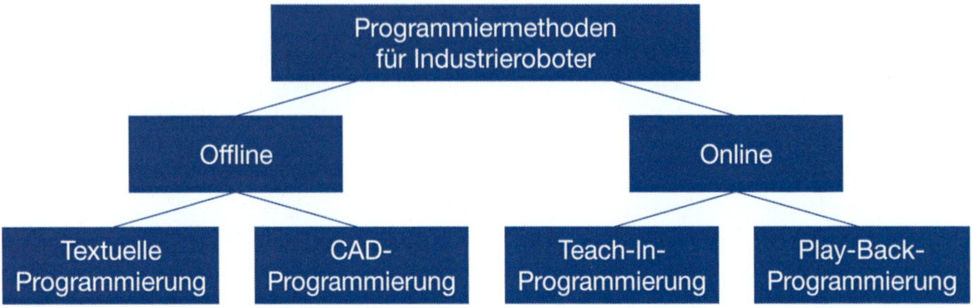


*Bild 39: Programmiermethoden*

- Bei der Textuellen Programmierung wird in einer C-ähnlichen höheren Programmiersprache programmiert. Die typischen Grundstrukturen höherer Programmiersprachen werden ergänzt durch die roboterspezifischen Befehle.
- Bei der CAD-Programmierung wird ein CAD-System benutzt, um die vom Roboter zu bearbeitenden Formen zu zeichnen. Die Zeichnung wird dann in das Roboterprogrammiersystem importiert.
- Bei der Teach-In-Programmierung wird das Bedienpult des Roboters benutzt, um den TCP zu den gewünschten Punkten zu führen und diese Punkte dann nacheinander abzufahren.
- Bei der Play-Back-Programmierung wird der TCP des Roboters von Hand geführt. Der gesamte Bewegungsablauf wird automatisch gespeichert.

In diesem Crashkurs werden die Teach-In- und die Textuelle Programmierung genutzt.

### Teachen

Die für die Robotik charakteristische Programmiermethode ist das Teachen.

Beim Teachen erfolgt die Programmierung mithilfe des Bediengerätes online am Roboter. Programmiert wird, indem der TCP des Roboters an die gewünschten Positionen verfahren wird, die eingenommene Position gespeichert wird, und anschließend die Positionen zyklisch abgefahren werden.

In Übung 1 wird das Teachen praktisch erprobt.

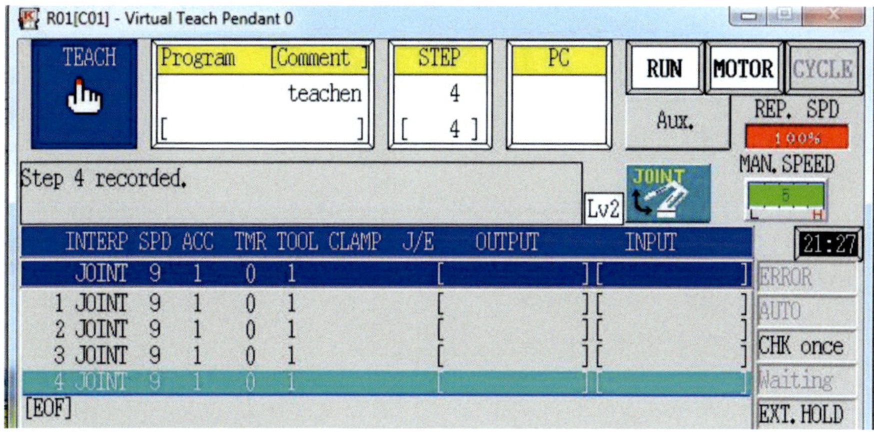


*Bild 40: Teach-(Block-)programm*

Im Bild oben ist ein geteachtes Programm mit 4 Zeilen zu sehen. Die jeweilige Programmzeile beinhaltet die Stellung aller Achsen (hier nicht sichtbar), die Nummer der Programmzeile (der Cursor steht im obigen Bild auf Zeile 4), die Art der Bewegung (hier: JOINT), die programmierte Geschwindigkeit dieser Bewegung (hier: 9), die programmierte Genauigkeit (hier 1), ein eventueller Timer (hier : 0), die Nummer des ausgewählten Werkzeugs (hier: 1), die Angabe, ob das Greiferventil ein- oder ausgeschaltet ist (hier: Aus), sowie der Zustand digitaler Ein-/Ausgänge (OUTPUT und INPUT). Geteacht werden kann also neben der eigentlichen gewünschten Position des TCP eine Reihe von Zusatzinformationen. Kawasaki nennt daher diese Programmiermethode die „Blockprogrammierung", weil jede Programmzeile einen „Block" von Informationen zur Verfügung stellt.

Dieser „Block", d. h. jede Programmzeile des geteachten Programms stellt die Informationen über einen Punkt dar, eine Art Blitzlichtfoto auf eine ganz bestimmte gewünschte Position. Anders formuliert: Jede Programmzeile eines geteachten Programms besteht aus erstens der Angabe einer Pose des TCP und zweitens einer Reihe von Zusatzinformationen zu diesem Punkt, den sogenannten „Auxiliary data", also Hilfsanweisungen. Die Bewegung von Punkt zu Punkt, oder von Programmzeile zu Programmzeile, erfolgt dann entweder abhängig von der Berechnung der Robotersteuerung (JOINT) oder linear (LINEAR).

Das Teachen ist eine faszinierende Programmiermethode. Sie ermöglicht auch unerfahrenen Anwendern, sehr schnell ein Programm mit möglicherweise komplexen Bewegungsabläufen zu programmieren, ohne sich intensiv in alle Möglichkeiten der Roboterprogrammierung einzuarbeiten.

Das Teachen ist eine Online-Programmiermethode, denn es kann nur geteacht werden, wenn und solange das Bediengerät am Roboter angeschlossen und der Roboter eingeschaltet ist.

### Textuelle Programmierung

Die Textuelle Programmierung ist das genaue Gegenteil des Teachens. Mithilfe eines simplen Texteditors wird anhand der für den jeweiligen Roboter festgelegten Syntax ein Programm geschrieben, Zeile für Zeile. Kawasaki nennt diese Programmierung die „AS-Programmierung", die Programmiersprache die „AS-Sprache".

```
.PROGRAM Test() #0
   lmove punkt1
   lmove punkt2
   lmove punkt5
   lmove punkt3
   lmove punkt2
   lmove punkt4
   lmove punkt3
   lmove punkt1
   lmove punkt4
.END
.TRANS
punkt1 -0.000000 245.000000 105.000000
       -90.000000 179.999161 90.000671

punkt2 50.000000 245.000000 105.000000
       -90.000000 179.999161 90.000671

punkt3 50.000000 295.000000 105.000000
       -90.000000 179.999161 90.000671

punkt4 -0.000000 295.000000 105.000000
       -90.000000 179.999161 90.000671

punkt5 75.000000 270.000000 105.000000
       -90.000000 179.999161 90.000671
.END
```

## 3.11 Sicherheit

Man stelle sich vor, ein Industrieroboter mit einer Armlänge von nur 500 mm transportiere ein Gewicht von 10 kg (Greifer und Nutzlast zusammen) mit einer Geschwindigkeit von 5 m/s und kollidiere mit dem Kopf eines Menschen. Die Folgen wären ebenso schrecklich wie vorhersehbar. Daher sind bei jeder Roboteranwendung die Sicherheitsvorkehrungen ein wichtiges Thema. Genau genommen unterscheidet den Roboter aber kaum etwas vom Rest der Maschine. Jede Maschine muss in ihren einzelnen Komponenten nach SIL oder PL untersucht werden. Beim Einsatz eines Industrieroboters wird in der Regel von einer hohen Gefährdungsstufe ausgegangen, also PLe oder SIL3, weil der Roboterarm schnell und sehr „kräftig" ist, also schwerste Verletzungen erzeugen kann.

Und was heißt das?

Abschranken ist die Standardantwort. Um den Roboter-Arbeitsplatz wird ein Zaun gebaut, der Zaun mit einer Tür mit den bekannten Sicherheitsverriegelungen ausgestattet. Das Roboterprogramm selbst wird häufig genutzt, um die Tür im Betrieb zu verriegeln, damit sie nicht versehentlich geöffnet werden kann. Der Roboterhersteller hat den Roboter so ausgerüstet, dass er bei Not-Halt sofort stehen bleibt. Dies erfolgt durch den Einbau mechanischer Federbremsen an jeder Achse, die die Achse festhalten, sobald die elektrische Energie ausgeschaltet ist, die die Bremse im Betrieb elektromagnetisch löst. Die Türkontrolle und weitere externe Not-Halt-Signale werden in das Not-Halt-System der Robotersteuerung integriert.

*Bild 41: Roboter in einer eingezäunten Arbeitszelle (Quelle: Kawasaki)*

Vor allem in der Kleinteilefertigung, aber auch bei vielen Anwendungen in der Montage allgemein, wird zunehmend nach Möglichkeiten gesucht, den Roboter näher zum Menschen zu lassen: Der Roboter soll dem Menschen ein Werkstück anliefern, soll ein Werkstück festhalten, während der Mensch montiert, oder soll ein Werkstück einpassen, das der Mensch auswählt. Immer ist es notwendig, die Abschrankung zwischen Mensch und Roboter zu öffnen. Die Entwicklung der Sicherheitstechnik ermöglicht in zunehmendem Maße den Einsatz von Robotern bei solchen Anwendungen. Man spricht vom „kollaborativen" Roboter, also dem Roboter, der zum Kollegen wird und dem Mensch direkt zur Hand geht. Modernste mehrkanalig ausgelegte Sensorik, die feine Kraftunterschiede und Berührungen feststellen und zuordnen kann, sorgt dann für die Sicherheit des Menschen im Umgang mit dem technischen Kollegen.

Alle Beispiele in diesem Buch gehen von der klassischen Anwendung aus: Der Industrieroboter ist ein unglaublich flexibles und hilfreiches Werkzeug, zugleich aber so gefährlich, dass jede praktische Anwendung eine genaue Sicherheitsanalyse voraussetzt.

# 4 Übungen

Alle Übungen in diesem Buch können mit der Simulationssoftware K-ROSET bearbeitet und gelöst werden. Dafür ist lediglich die „Lite"-Version von K-ROSET notwendig, die auf der beiliegenden DVD zu finden ist. Das Kapitel „Vorbereitung: Die Simulation mit K-ROSET" bietet eine detaillierte Einführung in die Bedienung von K-ROSET, soweit es für dieses Buch erforderlich ist. Insofern ist dieses Buch kein Ersatz für die Original-Handbücher und Bedienungsanleitungen, sondern soll lediglich die Möglichkeit geben, einen begrenzten Lehr-/Lernumfang praktisch zu bearbeiten.

Zu jeder Übung wird darauf hingewiesen, welche Aspekte der Robotertechnik behandelt werden. Grundsätzlich ist es möglich, alle Übungen ohne die Frage nach dem „Warum" zu bearbeiten. Die Idee ist aber, passend zur praktischen Übung sich auch mit der dazugehörenden Theorie auseinander zu setzen.

## 4.1 Übung 1: Teachen und Speichern

### Aufgabe

Aufgabe dieser ersten Übung ist es, mithilfe der Simulationssoftware K-ROSET eine Roboterzelle mit einem 6-Achs-Knickarm-Roboter zu erstellen und den Arm des Roboters so zu programmieren, dass er mindestens 10 Punkte nacheinander abfährt.

### Theorie

Wenn Sie diese Übung bearbeiten, setzen Sie sich mit den folgenden Themen der Robotik auseinander:

- Der Knickarm-Roboter.
- Die Achsen des Knickarm-Roboters.
- Die Programmiermethode des Teachens.

### Ausführung

- Starten Sie K-ROSET,
- legen Sie ein neues Projekt an,
- platzieren Sie einen Roboter in der Arbeitszelle,
- stellen Sie ein, dass die Roboterbewegung beim Teachen „animiert" wird,
- starten Sie die Robotersteuerung, indem Sie das Bedienpult aufrufen,
- legen Sie mithilfe des Bedienpults ein neues Programm an,
- schalten Sie in den Teach-Mode, schalten den Motor an und erhöhen Sie die Teach-Geschwindigkeit auf 4 oder 5,
- teachen Sie 10 Poses und testen Sie Ihr Programm.

Speichern Sie die Zelle sowie das Roboterprogramm. Beachten Sie dabei, dass die Roboterzelle mit dem Roboterprojekt gespeichert wird, das Roboterprogramm aber mit dem SAVE-Befehl aus der Robotersteuerung auf dem PC gespeichert wird.

## Hinweise

Um Ihre erste Roboterzelle einzurichten und die ersten Zeilen zu programmieren, nutzen Sie die **Einführung** im Kapitel „Die Simulation mit K-ROSET“ (ab Seite 85).

Wenn Sie mit dem Bedienpult die gewünschten „Poses“[8] programmieren, können Sie die Achsen des Knickarm-Roboters den Achsnummern auf dem Bedienpult zuordnen. Die Achsen werden ausgehend vom Sockel des Roboters durchgehend nummeriert.

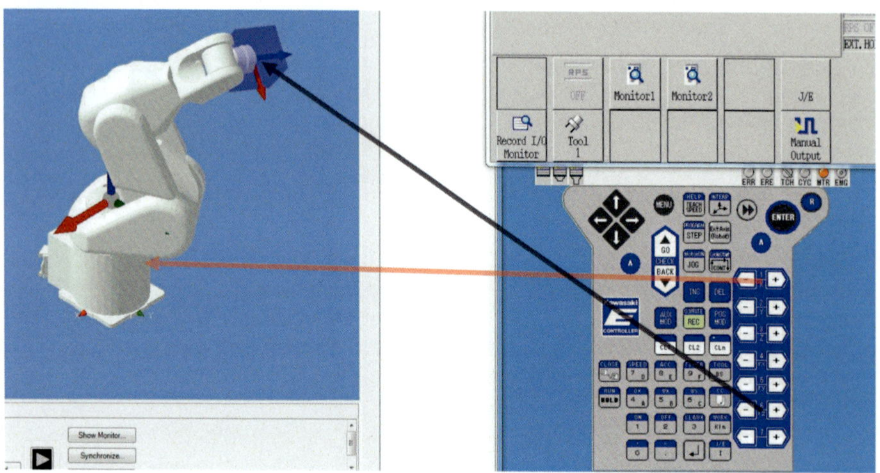


*Bild 42: Zuordnung von Achsen und Tasten beim Teachen*

Die Nummern auf dem Bedienpult entsprechen den Achsnummern des Knickarm-Roboters.

Wenn Sie die Achsen bis an ihre Grenzen fahren (keine Angst, der Roboter stoppt einfach, wenn es nicht mehr weitergeht), dann erkennen Sie die Grenzen des Arbeitsraums des Roboters.

8 *Nach DIN 8373 ist „Pose“ der Begriff für die Kombination aus Position im X-Y-Z-Raum sowie der Orientierung im Raum, also der Drehung um die X-, Y- und Z-Achse.*

| | |
|---|---|
| Im nebenstehenden Bild ist erkennbar, dass Achsen 2 und 3 nicht mehr weiter eingeklappt werden können. Der Roboter stoppt automatisch. | 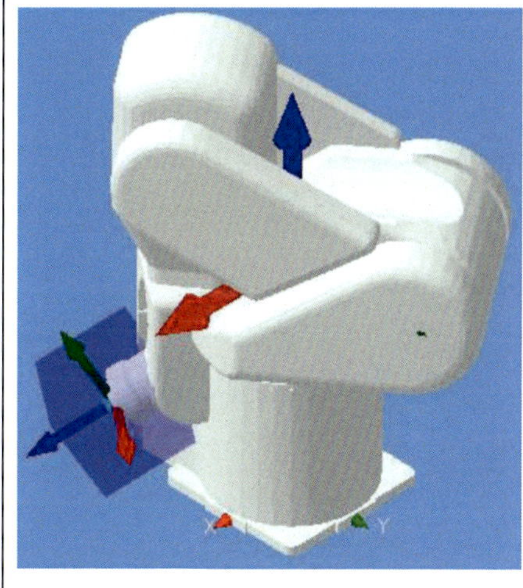 *Bild 43: Mechanische Grenzen der Bewegung* |

**Weiterführende Aufgabe zu Übung 1**

Gönnen Sie „Ihrem“ Roboter Bewegungsfreiheit. Zeichnen Sie Figuren in die Luft. Erforschen Sie, wo Plus- und Minus-Richtung der Achsen sind. Experimentieren Sie mit unterschiedlichen Robotertypen.

## 4.2 Übung 2: Bewegungsarten

### Aufgabe

Aufgabe der Übung 2 ist, keine willkürlichen Poses zu teachen, sondern das Werkzeug des Roboters entlang einer definierten Bahn zu bewegen: Die Roboterzelle Uebung02 besteht aus dem Roboter RS03 sowie einem Werkstück „vor" dem Roboter (im Welt-Koordinatensystem in +Y-Richtung verschoben). Am Rand des Werkstücks soll eine Klebeschicht aufgetragen werden. Dafür wird angenommen, dass am Flansch des Roboters eine Klebepistole montiert ist.

### Theorie

Wenn Sie diese Übung bearbeiten,

- wiederholen Sie die Grundkenntnisse aus Übung 1,
- lernen Sie verschiedene Bewegungsarten des Roboterarms kennen,
- lernen Sie die Einstellung der Genauigkeit der Roboterbewegung kennen und
- nutzen Sie die Anzeige der Bewegung mit der TrackLine.

### Ausführung

- Starten Sie K-ROSET,
- öffnen Sie das Projekt „Uebung02", das einen Kawasaki RS03 sowie eine Arbeitsplatte zeigt,
- rufen Sie das Bedienpult auf, legen ein Programm an, stellen in den Teach-Mode um, den Motor an und stellen die Teachgeschwindigkeit ein.

Um den Klebestreifen aufzubringen, muss der TCP des Roboters zu einer der 4 Ecken bewegt werden, um von da aus den Rand des Werkstücks vollständig abzufahren.

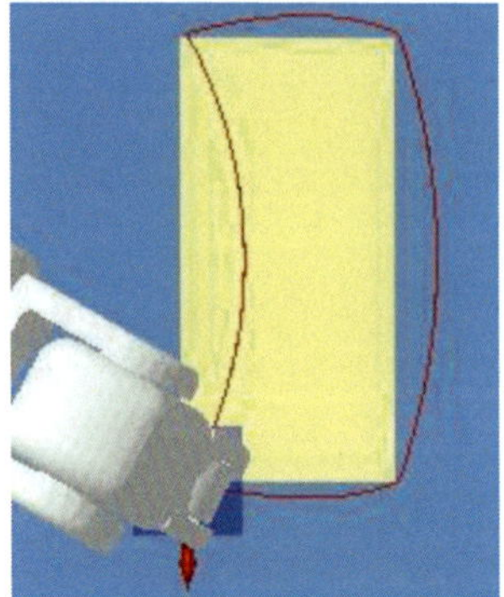

*Bild 44: JMove*

### Teil 1: Die 4 Ecken

Teachen Sie also im ersten Durchgang die 4 Ecken der Platte und lassen sich das Werkzeug dann automatisch um die Platte bewegen.

Beim Teachen dieser Aufgabe wird deutlich, dass es nicht einfach ist, den TCP des Roboters zu einem bestimmten Punkt in immer gleicher Ausrichtung zu bewegen, wenn jede Achse des Roboters einzeln zu bedienen ist (JOINT). Viel einfacher wird es, wenn es Aufgabe der Roboter-Steuerung ist, die 6 Achsen zu koordinieren, aber Aufgabe der Programmierung, die Punkte innerhalb eines Koordinatensystems anzugeben. Daher kann das Teachen von JOINT auf BASE oder auf TOOL umgestellt werden.

*Bild 45: LMove*

Mit dem Simulationsprogramm ist es möglich, die Bewegung des Tool Center Points sichtbar zu machen. Schalten Sie die Verfolgung der „TrackLine" ein. Dann könnte Ihr Programm in etwa die Bewegung wie in Bild 44 zeigen. Es ist deutlich zu erkennen, dass die Bewegung des TCP keineswegs den Kanten der Platte folgt, sondern bogenförmig ist, für die genannte Aufgabenstellung also unbrauchbar.

Tatsächlich ist dies kein Fehler des Systems, sondern systembedingt. Die geteachten Punkte werden vom TCP in kürzestmöglicher Zeit abgefahren, man spricht von einer JOINT-Bewegung.

**Teil 2: Der Weg**

Damit die Klebepistole aber den Rand des Werkstücks verfolgen kann, muss die Bewegung auf einer Linie erfolgen, dem kürzesten Weg von Punkt zu Punkt. Die Angabe, wie die Bewegung von Start zu Ziel zu erfolgen hat, beeinflusst die Berechnungen der Steuerung. Die Interpolation der Berechnung ist so zu ändern, das die Bewegung von Punkt zu Punkt nicht mehr in kürzestmöglicher Zeit sondern auf kürzest möglichem Weg erfolgt. Dafür

| | INTERP | SPD | ACC | TMR | TOOL | C |
|---|---|---|---|---|---|---|
| | JOINT | 9 | 1 | 0 | 1 | |
| 1 | JOINT | 9 | 1 | 0 | 1 | |
| 2 | LINEAR | 9 | 1 | 0 | 1 | |
| 3 | LINEAR | 9 | 1 | 0 | 1 | |
| 4 | LINEAR | 9 | 1 | 0 | 1 | |
| 5 | LINEAR | 9 | 1 | 0 | 1 | |
| [EOF] | | | | | | |

*Bild 46: Programmzeilen*

- muss die Programmzeile markiert werden, für die Bewegungsart zu ändern ist,
- mit der Taste INTERP auf LINEAR gewechselt werden
- und mit AUX MOD die Bewegungsart für diese Zeile geändert werden.

Wenn dies für die 4 Programmzeilen erfolgt ist, bewegt sich der TCP auf kürzestem Weg von Punkt zu Punkt. (Bild 45)

In den Programmzeilen wird jeweils angegeben, dass die Bewegung linear zu erfolgen hat.

**Teil 3: Die Ecken**

Unter der Annahme, dass ein Klebstreifen aufzutragen ist, sind die Ecken in Übung 2 nicht ideal. Tatsächlich wird die Ecke als Kurve abzufahren sein, nicht als rechtwinklige Ecke. Aufgabe des Teils 3 ist es daher, die 4 Ecken der Bewegung aus Übung 2 nicht mehr rechtwinklig abzufahren, sondern abzurunden. Für diese und andere Zwecke ist vorgesehen, die „Genauigkeit" (Accuracy), mit der der TCP des Roboters einen Punkt zu treffen hat, einzuschränken. Dafür

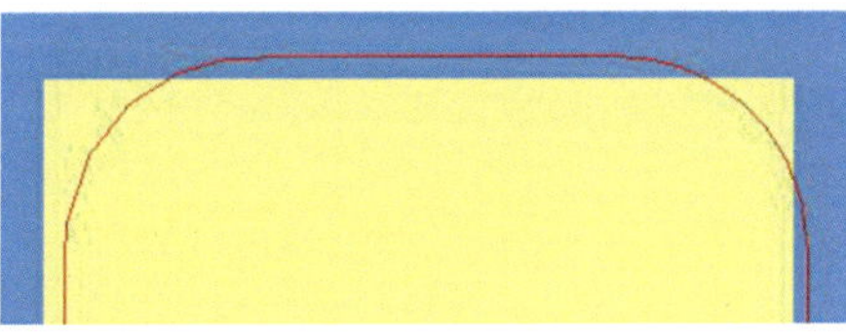

*Bild 47: Abgerundete Ecken*

- muss die Programmzeile markiert werden, für die die Genauigkeit zu ändern ist,
- wird dann mit der Taste ACC die Angabe der Genauigkeit aufgerufen und eingegeben (beginnen Sie mit Genauigkeit 3)
- und mit AUX MOD die Genauigkeit für diese Zeile geändert.

### Weiterführende Aufgabe zu Übung 2

Mit der TrackLine können Sie die Bewegung des Tool-Center-Points sichtbar machen. Also können Sie den Arbeitsraum des Roboters sichtbar machen und aus verschiedenen Perspektiven beobachten.

- Zeichnen Sie den maximalen Arbeitsraum aus der Draufsicht.
- Zeichnen Sie entsprechend den maximalen Arbeitsraum aus der Seitenansicht.
- Experimentieren Sie mit verschiedenen Geschwindigkeiten im Teach-, Check- und REPeat-Modus.

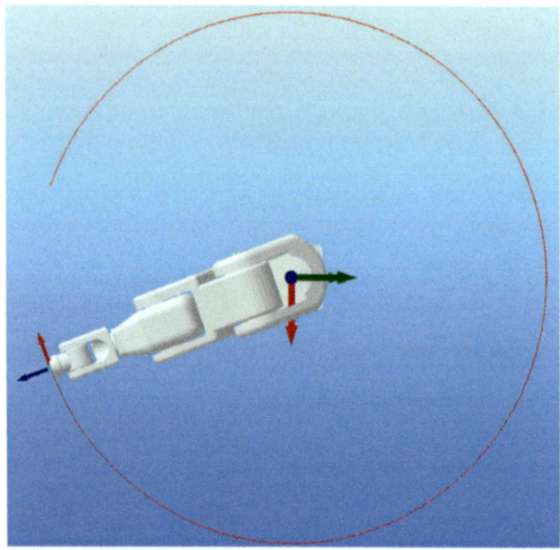

*Bild 48: Maximaler Arbeitsraum eines RS003-Roboters in der Draufsicht*

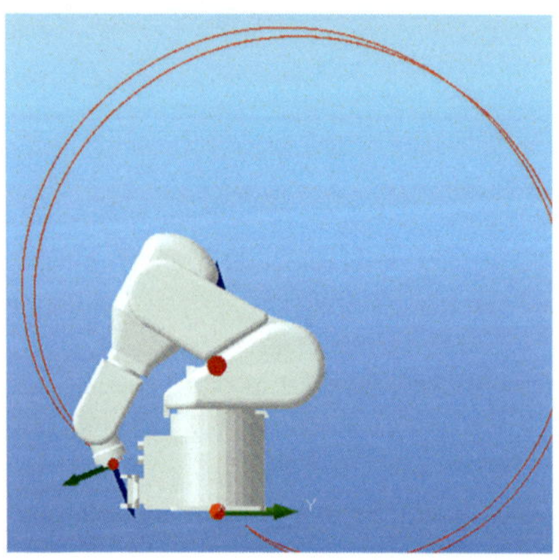

*Bild 49: Maximaler Arbeitsraum eines RS003-Roboters in der Seitenansicht*

## 4.3 Übung 3: Den Greifer nutzen

### Aufgabe

Industrieroboter werden sehr häufig als die besseren Handhabungsgeräte benutzt. Die Flexibilität erleichtert Anpassungen und Änderungen, die Beweglichkeit erleichtert die Anpassung an verschiedenste Umgebungsbedingungen und die Programmiermethoden erleichtern das Einbeziehen verschiedenster Positionen.

In dieser Übung soll der Roboter Autofelgen von einer Palette umpacken.

### Theorie

Wenn Sie diese Übung bearbeiten,

- nutzen Sie die HOME-Pose des Roboters,
- nutzen Sie einen an den Flansch des Roboters montierten Greifer.

### Ausführung

Starten Sie K-ROSET.

Öffnen Sie das Projekt Uebung03, das einen Kawasaki-Roboter in einer Arbeitszelle mit zwei Paletten zeigt. Auf einer Palette liegen 4 Autofelgen, die auf Palette 2 umgeschichtet werden sollen.

#### Teil 1: Greifen

Beginnen Sie das Programm, indem Sie die Zeile HOME einfügen und dann mit GO[9] den Roboter in die Homeposition führen.

Dann teachen Sie im ersten Durchgang die Pose der ersten Autofelge, schließen Sie den Greifer und speichern Sie. Führen Sie den Greifer zur zweiten Palette an den ersten Palettenplatz, teachen Sie die Pose, öffnen den Greifer und speichern wieder.

Testen Sie Ihr Programm.

Spätestens nach dem Test werden Felgen chaotisch auf dem Bildschirm verteilt sein. Speichern Sie also Ihr Programm mit SAVE und laden das Projekt neu. Die Felgen liegen wieder ordentlich auf der ersten Palette. Ihr vorher mit SAVE gespeichertes Programm muss mit LOAD neu geladen werden. Wenn Sie das Programm nicht in einem Editor verkürzen, werden Sie mit mehreren Rückfragen aufgefordert zu bestätigen, dass Sie diese Daten wirklich laden wollen. Sie können in jedem Fall beliebig antworten, für die Simulation hat das keine Bedeutung.

#### Teil 2: 4 Felgen

Teachen Sie nun auch die Positionen der übrigen Felgen und testen Sie Ihr Programm.

#### Teil 3: Greifen

Ein Greifer wie in diesem Beispiel kann nicht „schräg" an sein Werkstück heranfahren.

---

9 *Mit GO ist die GO-Taste auf dem Bedienpult gemeint. Bedenken Sie, dass GO nicht angeklickt wird, sondern betätigt (gehalten) werden muss, solange der Roboter bewegt werden soll.*

Folglich muss der Greifer zuerst über das Werkstück fahren, dann senkrecht herunter zum Werkstück, greifen und senkrecht wieder ein Stück nach oben. Auf der Zielseite muss das Werkstück über die Ablageposition bewegt werden, ohne andere Werkstücke zu berühren. Dann muss das Werkstück senkrecht nach unten auf die Palette gelegt werden, der Greifer geöffnet und senkrecht nach oben vom Werkstück wegbewegt werden.

Ergänzen Sie Ihr Programm so, dass eine sinnvolle Bewegungsfolge entsteht.

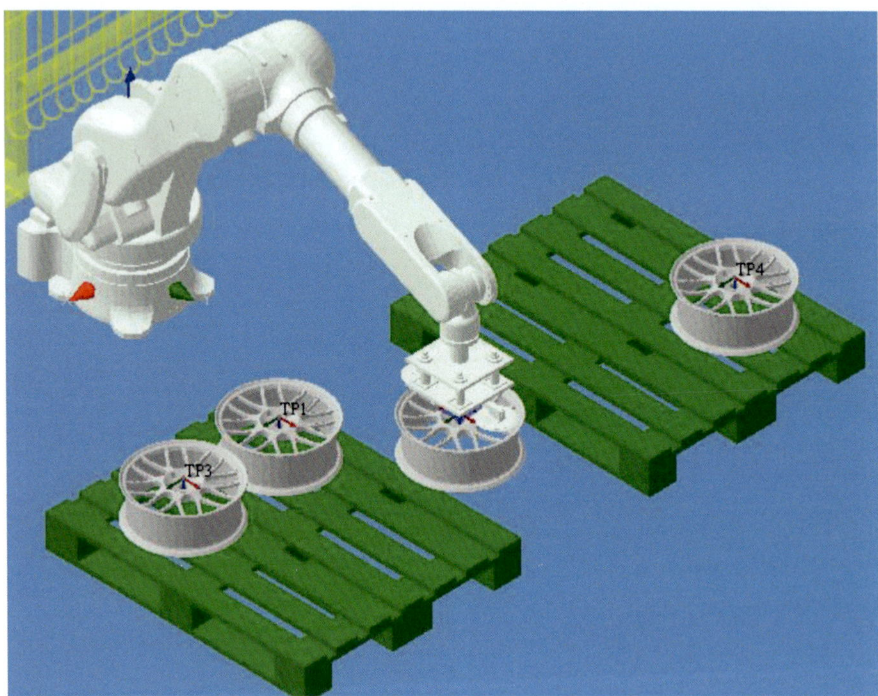


*Bild 50: Versetzen von Felgen*

Beim Teachen ist deutlich geworden, dass diese Programmiermethode zwar einfach ist aber zugleich sehr mühsam. Man stelle sich eine Palette mit 24 Plätzen und mehreren Zwischenstationen vor, dann ist Teachen eine unendlich mühsame Fleißarbeit. In vielen Fällen wird das Teachen daher ergänzt oder ersetzt durch die Textuelle Programmierung.

### Weiterführende Aufgabe zu Übung 3

Öffnen Sie das Projekt FlaschenVerpacken.

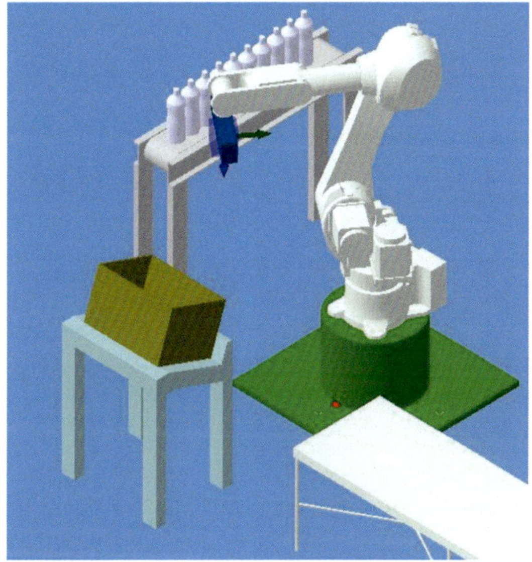

*Bild 51: Flaschen verpacken*

Der Greifer dieses Roboters greift immer 5 Flaschen auf einmal vom Förderband und packt sie in den Karton.

Entwickeln Sie das Programm.

## 4.4 Übung 4: Einführung in das Textuelle Programmieren

### Aufgabe

Erstellen Sie ein Textprogramm so, dass der TCP des Roboters ein Rechteck links neben, vor und rechts neben den Sockel zeichnet.

### Theorie

Wenn Sie diese Übung bearbeiten,

- lernen Sie die Textuelle Programmierung des Roboters kennen,
- erfahren Sie den Unterschied zwischen linearer und Joint-Bewegung und
- üben Sie das Editieren des Roboterprogramms.

Die Textuelle Programmierung „schreibt einen Brief" an den Roboter. Die Programmiersprache orientiert sich an gängigen PC-Hochsprachen mit den spezifischen Roboterbefehlen.

### Ausführung

Öffnen Sie das Projekt Text01, zeigen Sie das Teach-Pendant und wechseln in den Terminalmode. Im Programmverzeichnis (Open Current Folder) finden Sie die Datei text01.as. Öffnen Sie diese Datei mit einem Texteditor.

```
.AUXDATA
1HOME  0 -25 -115 0 -90 0 0 0 0 0 0 0 0 0 0 0 0 10
.END
.PROGRAM Rechteck()
.END
.TRANS
ecke1 -400.000000 800.000000 100.000000 113.577400 179.991257
      -66.428734
.END
```

Sie erkennen drei Abschnitte

1. Im Abschnitt zwischen .AUXDATA und .END wird die HOME-Pose definiert.
2. Im Abschnitt zwischen .PROGRAM und .END kann das Programm geschrieben werden.
3. Im Abschnitt zwischen .TRANS und .END wird die Pose „ecke1" in den X,Y,Z-Koordinaten des Basis-Koordinatensystems definiert.

Jeder Abschnitt beginnt mit der Zeile

.<NAME>

und endet mit

.END

Beginnen Sie, indem Sie die 4 Punkte des Rechtecks definieren. Kopieren Sie einfach die Zeile

```
ecke1 -400.000000 800.000000 100.000000 113.577400 179.991257
      -66.428734
```

mehrfach und ändern Sie den Punktnamen sowie die Koordinaten für X, Y oder Z je nach Wunsch, beispielsweise:

```
ecke1 -400.000000 800.000000 100.000000 113.577400 179.991257
      -66.428734

ecke2 400.000000 800.000000 100.000000 113.577400 179.991257
      -66.428734

ecke3 400.000000 1200.000000 100.000000 113.577400 179.991257
      -66.428734

ecke4 -400.000000 1200.000000 100.000000 113.577400 179.991257
      -66.428734
```

Ändern Sie dafür nur die X-, Y- oder Z-Werte, nicht aber die Drehungen um diese Koordinaten. Alle Angaben werden in mm getätigt. Bedenken Sie, dass der Roboter einen begrenzten Arbeitsraum hat.

Schreiben Sie dann im Abschnitt .PROGRAM Ihr Programm. Nutzen Sie anfangs den Befehl JMOVE, beispielsweise:

```
JMOVE ecke1
JMOVE ecke2
JMOVE ecke3
JMOVE ecke4
JMOVE ecke1
```

Laden Sie das Programm in die Robotersteuerung mit LOAD und testen Sie es.

Das Ergebnis könnte etwa so aussehen:

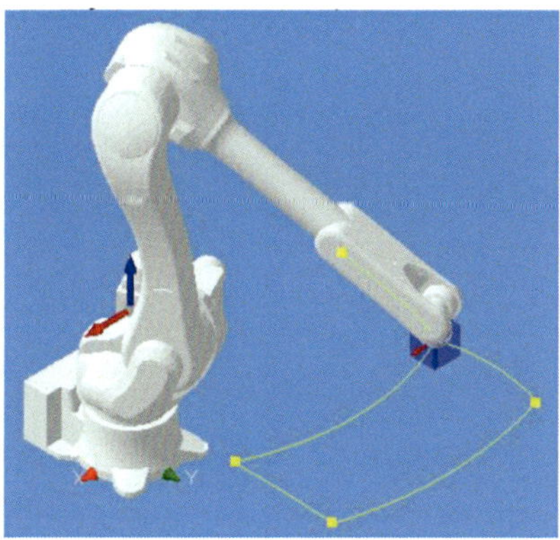

*Bild 52: Rechteck mit JMOVE*

Ändern Sie JMOVE zu LMOVE und testen Sie erneut. Das Ergebnis könnte etwa so aussehen:

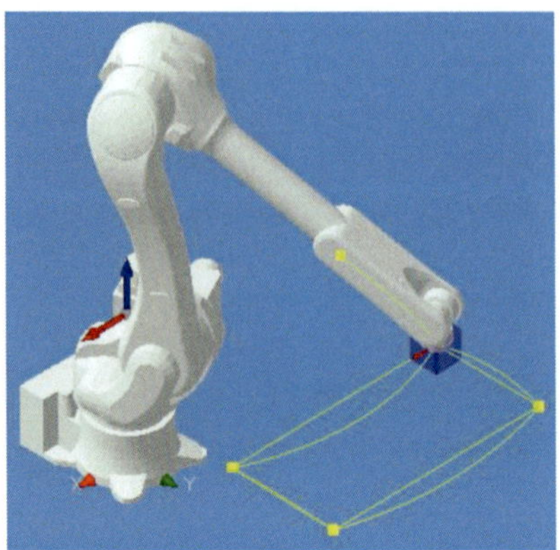

*Bild 53: Rechteck mit LMOVE*

Experimentieren Sie mit verschiedenen Poses und JMOVE/LMOVE. Sie werden erkennen, dass es Poses gibt, die für den Roboter unerreichbar sind, ebenso wie Bewegungen, die unmöglich sind. Erforschen Sie so den Arbeitsraum und die Bewegungsmöglichkeiten des Roboters.

**Weiterführende Aufgabe zu Übung 4**

- Planen und zeichnen Sie das „Haus vom Nikolaus".
- Experimentieren Sie mit JOINT- und Linear-Bewegung.

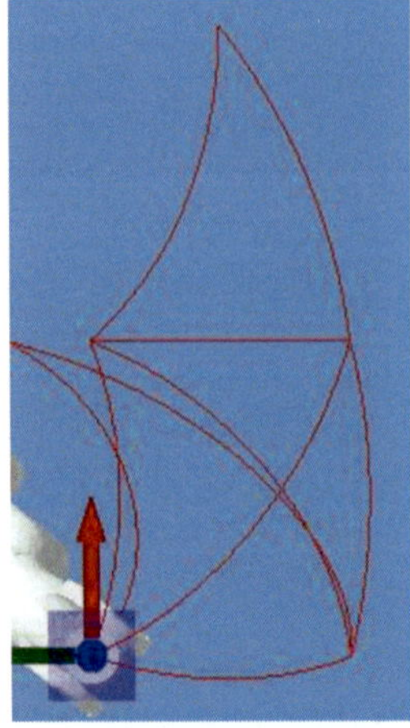

*Bild 54: Das Haus vom Nikolaus, mit JMOVE gezeichnet*

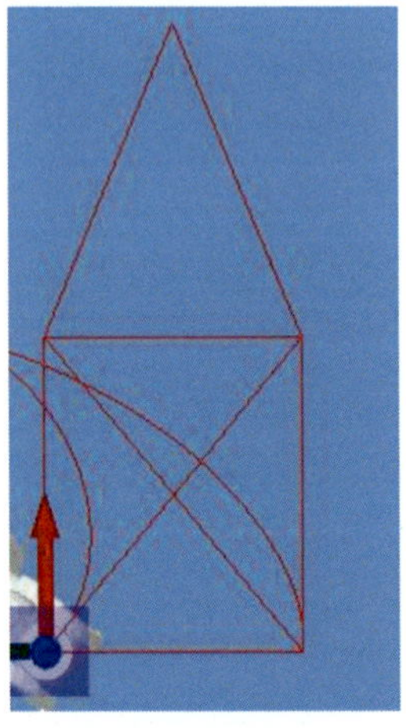

*Bild 55: Das Haus vom Nikolaus, mit LMOVE gezeichnet*

## 4.5 Übung 5: Pick and Place

### Aufgabe

Auf dem Rundschalttisch liegen 3 verschiedene Typen (verschiedenfarbige) von Werkstücken. Der Roboter soll diese aufnehmen und auf der Werkbank hintereinander ablegen.

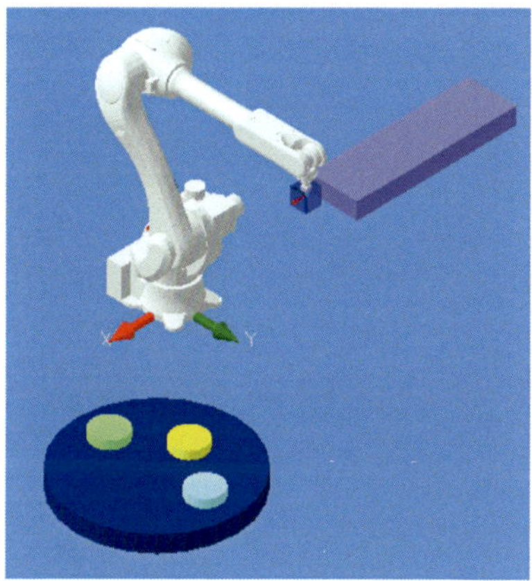

*Bild 56: Pick and Place*

### Theorie

Wenn Sie diese Übung bearbeiten,

- können Sie das Teachen und die Textuelle Programmierung miteinander kombinieren,
- benutzen Sie die Greifersteuerung in einem Textprogramm,
- kennen Sie die Programmierung der „Annäherung" mit APPRO und
- beeinflussen die Geschwindigkeit der Roboterbewegung per Programm.

Zur Bearbeitung dieser Aufgabe ist es notwendig, die drei Abholpositionen für grüne, gelbe und blaue Werkstücke zu teachen, ebenso mindestens 3 Ablagestationen auf der Werkbank. Diesen Poses werden Namen gegeben. Mithilfe dieser benannten Poses kann dann das Programm geschrieben werden. Weiterhin benutzen Sie die Befehle für den Greifer.

Da die Poses geteacht werden, das Programm aber als Text verfasst wird, werden Online- und Offline-Programmierung hier verknüpft: Online werden die Poses geteacht, dann in einer AS-Datei gespeichert, mithilfe dieser Datei dann offline programmiert.

**Ausführung**

**Teil 1: Test mit gelben Werkstücken**

- Öffnen Sie mit K-ROSET das Projekt text02.
- Laden Sie die Datei text02. Damit wird die HOME-Pose in die Robotersteuerung geladen.
- Teachen Sie die Abholposition für beispielsweise die gelben Werkstücke so, dass der Greifer unmittelbar das Werkstück berührt.

*Bild 57: Teachen der Abholposition*

- Speichern Sie diese Pose unter einem erklärenden Namen mit dem Befehl HERE.
- Teachen Sie die erste Pose auf der Werkbank und speichern Sie die Position mit HERE.
- Speichern Sie die Daten im Terminalmode mit SAVE <Dateiname>.
- Öffnen Sie diese Datei mit Ihrem Texteditor. Sie werden feststellen, dass die von Ihnen gespeicherte Datei rund 3000 Zeilen enthält. Mit SAVE ist ein komplettes Back-up aller zu diesem Projekt gehörenden Daten der Robotersteuerung erstellt worden. Sie können (müssen aber nicht) alle Daten vor dem Programmbeginn löschen. Dann könnte die Datei etwa so aussehen:

```
.PROGRAM transport() #0
  HOME
.END
.TRANS
abholen_gelb 800.000000 900.000000 -265.000000 46.891701
             179.988129 -133.090088
ablegen_gelb -1155.000000 0.000000 -315.000000 0.113004
             179.986618 -179.898422
.END
```

- Bearbeiten Sie nun Ihr Programm so, dass der Roboter Werkstücke vom Rundschalttisch abholt und auf der Werkbank absetzt. Damit der Greifer ein Werkstück festhalten soll, benutzen Sie den Befehl CLOSE, für das Loslassen den Befehl OPEN. Ihr Programm könnte so aussehen:

```
.PROGRAM transport() #0
   HOME
   JMOVE abholen_gelb
   CLOSE
   JMOVE ablegen_gelb
   OPEN
.END
.TRANS
abholen_gelb 800.000000 900.000000 -265.000000 46.891701
             179.988129 -133.090088
ablegen_gelb -1155.000000 0.000000 -315.000000 0.113004
             179.986618 -179.898422
.END
```

- Wenn Sie das Programm testen, werden Sie feststellen, dass der Roboter das Werkstück möglicherweise in dem Werktisch versenkt, weil die Ablageposition nicht die Höhe des Werkstücks berücksichtigt hat. Ändern Sie einfach den Z-Wert um 50 mm nach oben, da das Werkstück eine Höhe von 50 mm hat.
- Wenn Sie „genug" getestet haben, werden die gelben Werkstücke verbraucht sein. Es sind davon 5 vorhanden. Anschließend greift der Greifer automatisch andere Werkstücke, obwohl diese weit weg liegen. Die Simulation mit K-ROSET ist so programmiert, dass bei geschlossenem Greifer das „nächstgelegene" Werkstück festgehalten wird. Wenn das nächstgelegene Werkstück aber 1000 mm entfernt liegt, dann wird eben auch auf diese Distanz gegriffen. Um alle gelben Werkstücke wieder ordentlich an ihren Originalplatz zurückzulegen, öffnen Sie das Projekt Text02 einfach neu (ohne vorher das Projekt zu speichern).
  - Wenn Sie anschließend Ihre Programmdatei mit LOAD in den Speicher laden, ist allerdings möglicherweise die Definition der HOME-Pose verloren gegangen. Laden Sie dann text02.as vor Ihrem Programm.
  - Wenn Sie in Ihrem Programm die über 2000 Programmzeilen vor dem eigentlichen Programm nicht gelöscht haben, dann werden Sie in mehreren Schritten gefragt, ob Sie wirklich alle Daten laden wollen. Sie können beliebig mit Ja oder Nein, Skip oder nicht antworten. Für die Simulation hat das keine Bedeutung.

**Teil 2: Alle Werkstücke**

Teachen Sie nun auch Abholposes und Ablegeposes für die grünen und blauen Werkstücke und programmieren Sie so, dass immer jeweils ein Werkstück jeder Farbe transportiert wird.

### Teil 3: Richtig greifen

Sie werden längst bemerkt haben, dass kein Handhabungsgerät, das von oben greift, von der Seite aus auf das Werkstück fährt und auch das Werkstück seitlich abtransportiert. Natürlich muss der Greifer von oben auf das Werkstück bewegt werden, bevor der Greifer schließt. Jetzt könnte man verlangen, dass für jede Werkstück-Pose noch zusätzlich die Pose „über" dem Werkstück geteacht wird. Das wäre aber eine mühsame Fleißarbeit. In den Roboter-Programmiersprachen gibt es daher genau für diese Aufgabe einen eigenen Befehl: `APPRO`. Mit APPRO wird der Greifer vor dem Werkstück positioniert und zwar bezogen auf die Z-Achse des TCP. Und, wie bei MOVE, gibt es APPRO als Joint oder als Linear-Bewegung. Um richtig von oben zu greifen müsste es also heißen:

```
JAPPRO abholen_gelb, 200 ;Joint-Bewegung bis 200 mm vor der Ab-
holposition
LMOVE abholen_gelb ;Lineare Bewegung zur Abholposition
CLOSE ;Greifer schließen
LAPPRO abholen_gelb, 200 ;Lineare Bewegung um 200 mm nach oben
...
```

In der Praxis der Handhabungstechnik wird die lineare Bewegung direkt auf das Werkstück meist auch in der Geschwindigkeit reduziert, ebenso wie der Start vom Abholplatz weg. Man könnte also ergänzen:

```
JAPPRO abholen_gelb, 200 ;Joint-Bewegung bis 200 mm vor der Ab-
holposition
SPEED 10 ;Geschwindigkeit reduzieren auf 10%
LMOVE abholen_gelb ;Lineare Bewegung zur Abholposition
CLOSE ;Greifer schließen
SPEED 25 ; Geschwindigkeit reduzieren auf 25%
LAPPRO abholen_gelb, 200 ;Lineare Bewegung um 200 mm nach oben
...
```

### Weiterführende Aufgabe zu Übung 5

Öffnen Sie das Projekt FlaschenVerpacken aus Übung 3. Entwickeln Sie das Programm mithilfe der Kombination von Teachen und Texten: Teachen Sie die Abhol- und Ablageposition, und ergänzen Sie dann das Programm in Textform.

## 4.6 Übung 6: Kreisabschnitte programmieren

### Aufgabe

Der Schulneubau des Berufskollegs Opladen soll auch neue Türen bekommen. Auf den Türen soll der Schulname (abgekürzt BKO) eingraviert sein. Da der Lieferant der Gläser eine neue Roboter-Gravierstation eingerichtet hat, ist dies kostengünstig zu realisieren. Der Roboter hat als Werkzeug eine Laser-Gravur-Pistole angebaut. Die Laser-Pistole muss im Abstand von 20 Millimeter vor der Glasscheibe positioniert werden, dann der Laserstrahl eingeschaltet werden und die gewünschte Form abgefahren werden.

### Theorie

Wenn Sie diese Übung bearbeiten,

- können Sie die Bewegung auf Kreisbahnen programmieren,
- können Sie binäre Signale steuern und
- lernen erstmals das Interface-Panel kennen.

### Kreisförmige Bewegung programmieren

Nur sehr selten wird ein Roboter einen Vollkreis bearbeiten müssen. Vor allem geht es um Kreissegmente. Daher ist die Programmierung darauf ausgelegt, einen Abschnitt eines Kreises zu programmieren. Voraussetzung dafür sind die Kenntnis von 3 Punkten: Dem Anfangspunkt des Kreisabschnitts, einem beliebigen Punkt auf dem Kreisabschnitt und dem Endpunkt. Das Werkzeug wird zum Anfangspunkt mit einem beliebigen Bewegungsbefehl bewegt. Dann wird mit `C1MOVE` der Punkt auf dem Kreisabschnitt definiert und mit `C2MOVE` der Endpunkt.

```
JMOVE Anfang
C1MOVE Mittendrin
C2MOVE Ende
```

### Binäre Signale benutzen

Jede Robotersteuerung kann nicht nur die Achsen des Roboters steuern (eher: regeln), sondern auch einfache Steuerungsprogramme ausführen. Die Laserpistole dieser Übung muss ein- und ausgeschaltet werden. Der Befehl dafür ist

```
SIGNAL <Name>
```

K-ROSET kann aber nicht wirklich ein Laser-Werkzeug simulieren. Um das Programm sinnvoll verfolgen zu können, soll das Signal zum Gravieren daher ebenfalls simuliert werden. Dies kann sehr einfach über eine Lampe geschehen. Die Lampe kann in den Bildschirm des Bediengerätes eingebaut werden und ist für diese Übung vorbereitet. Die Lampe hat die Signalnummer 2100. Sie können den Bildschirm des Bedienpults vom Programmiergerät zum Bediengerät der Anwendung umrüsten, indem Sie das „Interface-Panel“ aufrufen (Taste Menü auf dem Bedienpult → IF-Panel).

Ausführung

Öffnen Sie das Projekt LaserGravur und laden Sie die Datei laser.as in die Robotersteuerung. In Laser.as sind 4 Abschnitte vorbereitet.

```
.AUXDATA
1HOME  0.000  -25.000  -115.000  0.000  -45.000  0.000  0.000
       0.000  0.000  0.000  0.000  0.000  0.000  0.000  0.000
       0.000  0.000  0.000  10.000
2HOME  0.000  0.000  0.000  0.000  0.000  0.000  0.000  0.000
       0.000  0.000  0.000  0.000  0.000  0.000  0.000  0.000
       0.000  0.000  10.000
.END
.INTER_PANEL_D
9,1," Laser","","","",10,7,2,6,2100,0
.END
.INTER_PANEL_TITLE
"",0
"",0
"",0
"",0
"",0
"",0
"",0
"",0
.END
.INTER_PANEL_COLOR_D
182,3,224,244,28,159,252,255,251,255,0,31,2,241,52,219,
.END
.SIG_COMMENT
.END
.PROGRAM laser() #0
  HOME
.END
.TRANS
b1 0.000000 600.000000 140.000000 113.504517 179.991425
   -66.502151
.END
```

In .AUXDATA ist die HOME-Pose für das Laserwerkzeug angepasst gespeichert.

In .INTER_PANEL_D ist die Anzeigelampe definiert mit der Signalnummer 2100.

In .PROGRAM ist das Programm laser mit der Anweisung HOME vorbereitet.

In .TRANS ist die erste Ecke für den Buchstaben B vorbereitet.

Um diese Aufgabe sinnvoll programmieren zu können, ist es notwendig, sich eine Skizze von dem gewünschten Ergebnis anzufertigen. Die Glasscheibe hat die Maße von 1500 x 1000 mm², der Schriftzug soll in der oberen Hälfte stehen. Links und rechts neben den Buchstaben sollen etwa 100 mm Platz bleiben, zwischen den Buchstaben etwas Abstand.

Das B soll zwei Halbkreise nutzen, das K besteht aus Geraden, das O bildet einen Vollkreis, der aber mithilfe von 2 Halbkreisen programmiert wird. Die Laserpistole soll eingeschaltet sein, solange graviert wird.

Das Ergebnis könnte dann ein Bild dieser Art ergeben:

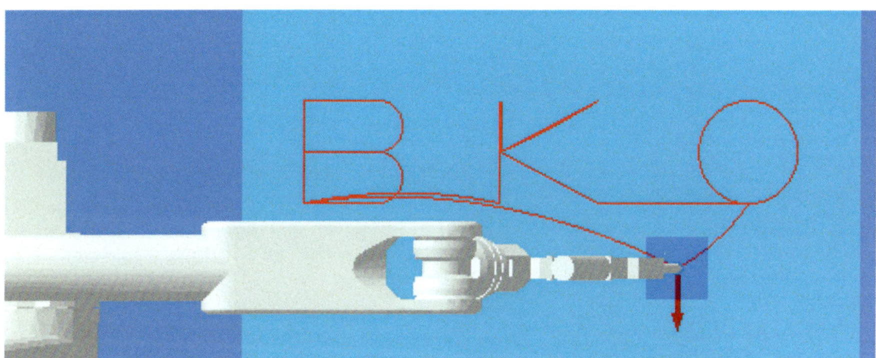

*Bild 58: Schreiben*

Solange die Laserpistole gravieren soll, leuchtet die Lampe im Bedienpult.

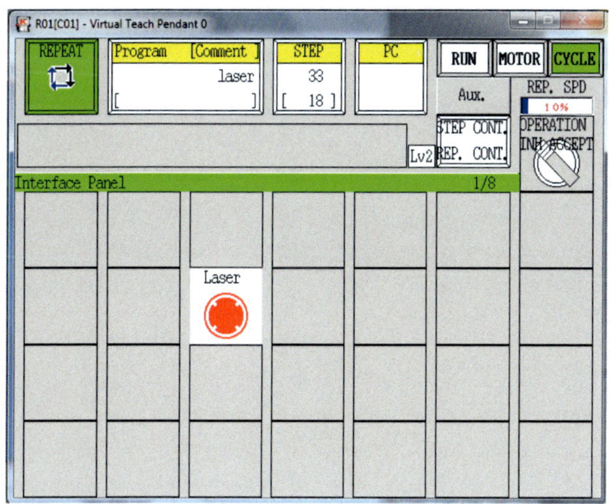


*Bild 59: Interface-Panel mit Lampe*

Das gesamte Programm könnte so aussehen:

```
.INTER_PANEL_D
9,1,“ Laser“,““,““,““,10,7,2,6,2100,0
.END
.INTER_PANEL_TITLE
„“,0
„“,0
„“,0
„“,0
„“,0
„“,0
„“,0
„“,0
.END
.INTER_PANEL_COLOR_D
182,3,224,244,28,159,252,255,251,255,0,31,2,241,52,219,
.END
.SIG_COMMENT
.END
.PROGRAM laser() #0
   HOME
   ;B schreiben
   JMOVE b1 ;Bewegung zu b1
   SIGNAL 2100 ;Schaltet die Laserpistole ein
   LMOVE b2
   LMOVE b3
   C1MOVE b4 ;Oberer Halbkreis
   C2MOVE b5
   LMOVE b6
   SIGNAL -2100 ;Schaltet die Laserpistole aus
   LMOVE b5
   SIGNAL 2100 ;Schaltet die Laserpistole ein
   C1MOVE b7 ;Unterer Halbkreis
   C2MOVE b8
   LMOVE b1
   SIGNAL -2100 ;Schaltet die Laserpistole aus

   ;K schreiben
   JMOVE k1 ;Bewegung zu k1
   SIGNAL 2100 ;Schaltet die Laserpistole ein
   LMOVE k3
   SIGNAL -2100 ;Schaltet die Laserpistole aus
   JMOVE k2
   SIGNAL 2100 ;Schaltet die Laserpistole ein
   LMOVE k4
   SIGNAL -2100 ;Schaltet die Laserpistole aus
```

```
   JMOVE k2
   SIGNAL 2100 ;Schaltet die Laserpistole ein
   LMOVE k5
   SIGNAL -2100 ;Schaltet die Laserpistole aus

   ;O schreiben
   JMOVE o1
   SIGNAL 2100 ;Schaltet die Laserpistole ein
   C1MOVE o2
   C2MOVE o3
   C1MOVE o4
   C2MOVE o1
   SIGNAL -2100 ;Schaltet die Laserpistole aus

   HOME
.END
.TRANS
b1 -100.000000 600.000000 140.000000 113.504517 179.991425
   -66.502151
b2 -260.000000 600.000000 140.000000 113.504517 179.991425
   -66.502151
b3 -260.000000 720.000000 140.000000 113.504517 179.991425
   -66.502151
b4 -220.000000 760.000000 140.000000 113.504517 179.991425
   -66.502151
b5 -180.000000 720.000000 140.000000 113.504517 179.991425
   -66.502151
b6 -180.000000 600.000000 140.000000 113.504517 179.991425
   -66.502151
b7 -140.000000 760.000000 140.000000 113.504517 179.991425
   -66.502151
b8 -100.000000 720.000000 140.000000 113.504517 179.991425
   -66.502151
k1 -100.000000 920.000000 140.000000 113.504517 179.991425
   -66.502151
k2 -180.000000 920.000000 140.000000 113.504517 179.991425
   -66.502151
k3 -260.000000 920.000000 140.000000 113.504517 179.991425
   -66.502151
k4 -260.000000 1080.000000 140.000000 113.504517 179.991425
   -66.502151
k5 -100.000000 1080.000000 140.000000 113.504517 179.991425
   -66.502151
```

```
o1 -100.000000 1320.000000 140.000000 113.504517 179.991425
   -66.502151
o2 -180.000000 1240.000000 140.000000 113.504517 179.991425
   -66.502151
o3 -260.000000 1320.000000 140.000000 113.504517 179.991425
   -66.502151
o4 -180.000000 1400.000000 140.000000 113.504517 179.991425
   -66.502151
.END
```

**Weiterführende Aufgabe zu Übung 6**

Ändern Sie die Aufgabe 6 dahingehend, dass auf die Tür das VW-Logo graviert werden soll.

## 4.7 Übung 7: Den Roboter bedienen

### Aufgabe

So richtig passt das aber noch nicht zusammen mit der Idee der zu gravierenden Scheiben, denn der Roboter graviert jetzt endlos immer genau die eine Scheibe. Nachdem eine Scheibe graviert wurde, muss die Scheibe getauscht werden. Folglich wird ein weiteres Signal benötigt, mit dem entweder ein maschineller Wechsel der Scheibe oder die Aufforderung an eine Bedienungsperson, die Scheibe zu wechseln, ausgelöst wird.

Der nächste Gravurvorgang darf erst gestartet werden, wenn ein Startsignal eingeht. Zugleich soll die Bedienungsperson per Textdisplay aufgefordert werden, eine neue Scheibe einzulegen.

### Theorie

Wenn Sie diese Übung bearbeiten,

- können Sie ein Bedienpult mithilfe des Interface-Panel programmieren.

Bereits in der letzten Übung wurde das Interface-Panel des Bedienpultes genutzt. Tatsächlich bieten die modernen Touch-Displays der Roboter-Bediengeräte eine ideale Möglichkeit, um einfache Mensch-Maschine-Kommunikation aufzubauen.

Um einen Text auf den Bildschirm zu schreiben, muss

- auf dem Bildschirm ein Bereich für die Anzeige von Texten definiert werden, und
- im Programm ein Text ausgegeben werden.

Zusätzlich wird ein Touch-Taster auf dem Display eingerichtet, mit dessen Hilfe die Bedienungsperson, den nächsten Gravurvorgang starten kann.

Zusätzlich zum Schalten eines binären Signals mit SIGNAL in der letzten Übung benutzen Sie hier die Möglichkeit, auf ein Signal zu „warten“.

### Ausführung

Im Gegensatz zur letzten Übung gestalten Sie jetzt das Interface-Panel selbst. Öffnen Sie das fertige Projekt der letzten Übung und – sollte das nicht bereits geschehen sein – laden Sie Ihr Programm in die Robotersteuerung. Dann öffnen Sie die Konfiguration des Interface-Panels und richten ein „String-Window“ ein, am besten über die gesamte Breite des Displays, also mit einer Breite von 7 (Kacheln). Zusätzlich wird noch ein Taster benötigt, also ein „Push Button“. Prüfen Sie das Aussehen Ihrer Konfiguration, indem Sie das Interface-Panel anzeigen lassen.

Es könnte etwa so aussehen:

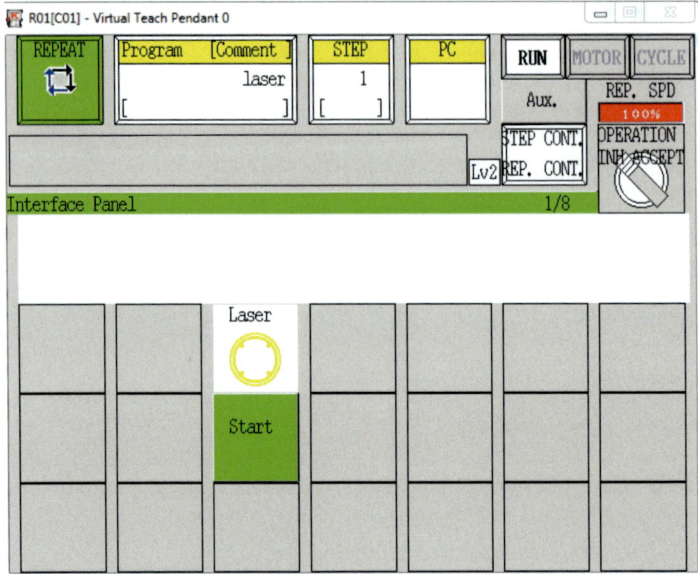


*Bild 60: Interface-Panel mit Text und Taster*

Nun speichern Sie die Daten der Robotersteuerung, unbedingt bevor Sie mit dem Programmieren beginnen. Dann finden Sie den Abschnitt

.INTER_PANEL_D

mit der Definition der Textzeile, der Lampe und des Tasters.

```
.INTER_PANEL_D
0,9,1,7,9
9,1,“ Laser“,““,““,““,10,7,2,6,2100,0
16,2,““,“ Start“,““,““,10,6,4,2010,0
.END
```

In Ihrem Programm benutzen Sie neu den Befehl für das Schreiben in eine solche Textzeile mit

IFPWPRINT 1 = “Das ist mein Text“

Das gesamte Programm könnte dann so aussehen:

```
.PROGRAM laser() #0
   HOME
   IFPWPRINT 1 = „Bitte legen Sie eine neue Scheibe ein“
   SWAIT 2010
   IFPWPRINT 1 = „Die Scheibe wird graviert“
```

```
;B schreiben
   JMOVE b1;Bewegung zu b1
   SIGNAL 2100 ;Schaltet die Laserpistole ein
   LMOVE b2
   LMOVE b3
   C1MOVE b4;Oberer Halbkreis
   C2MOVE b5
   LMOVE b6
   SIGNAL -2100 ;Schaltet die Laserpistole aus
   LMOVE b5
   SIGNAL 2100 ;Schaltet die Laserpistole ein
   C1MOVE b7;Unterer Halbkreis
   C2MOVE b8
   LMOVE b1
   SIGNAL -2100 ;Schaltet die Laserpistole aus
;K schreiben
   JMOVE k1;Bewegung zu k1
   SIGNAL 2100 ;Schaltet die Laserpistole ein
   LMOVE k3
   SIGNAL -2100 ;Schaltet die Laserpistole aus
   JMOVE k2
   SIGNAL 2100 ;Schaltet die Laserpistole ein
   LMOVE k4
   SIGNAL -2100 ;Schaltet die Laserpistole aus
   JMOVE k2
   SIGNAL 2100 ;Schaltet die Laserpistole ein
   LMOVE k5
   SIGNAL -2100 ;Schaltet die Laserpistole aus
;O schreiben
   JMOVE o1
   SIGNAL 2100 ;Schaltet die Laserpistole ein
   C1MOVE o2
   C2MOVE o3
   C1MOVE o4
   C2MOVE o1
   SIGNAL -2100 ;Schaltet die Laserpistole aus
   HOME
.END
```

**Weiterführende Aufgabe zu Übung 7**

Öffnen Sie das Projekt FlaschenVerpacken aus Übung 3 und 5. Ergänzen Sie das Programm um einen Starttaster auf dem Bedienpult. Zeigen Sie mithilfe von Lampen an, welche Reihe des Kartons bereits befüllt ist.

## 4.8 Übung 8: Punkte berechnen

### Aufgabe

Palettieren und Depalettieren sind wichtige Aufgaben für Industrieroboter. Die Anordnung der Werkstücke auf der Palette wird von der Größe der Werkstücke und der Palette bestimmt. Es ist dafür nicht nötig, jede einzelne Palettenposition zu teachen. Viel flexibler ist es, wenn die Robotersteuerung die Palettenpositionen berechnet.

Daher soll die bereits in Übung 3 benutzte Station, in der Autofelgen umpalettiert werden, nun neu und wesentlich komfortabler programmiert werden. Das Roboterprogramm berechnet die einzelnen Palettenpositonen automatisch selbst. Sind alle Felgen umpalettiert, stoppt das Programm automatisch. Im Bedienpult wird angezeigt, welche Felge gerade bewegt wird.

### Theorie

Wenn Sie diese Übung bearbeiten,

- wiederholen Sie die Programmierung des Bedienpultes,
- lernen Sie die Programmierung von Zählschleifen kennen und
- lernen Sie, Punkte dynamisch im Programm zu berechnen und zu speichern.

### Ausführung

#### Teil 1: Die Schleife

Es ist sinnvoll, mit der Programmierung einer einfachen Schleife zu beginnen. Dafür wird die Anweisung FOR … TO … End benötigt.

Das Konzept dieser Anweisung ist recht einfach: Ein Programmabschnitt wird mithilfe eines Zählers so oft widerholt, bis der Endwert erreicht ist. In der Regel wird mit ganzen Zahlen gearbeitet. Die Zeile

```
FOR zaehler = 1 TO 10
```

bedeutet: Es gibt eine Zählvariable, die hier „zaehler“ genannt wird. Mit dieser Variablen wird von 1 bis 10 gezählt, das entspricht also 10 Durchgängen (der Durchgang 1 wird auch gezählt!).

Alles das, was nun 10-mal wiederholt werden soll, muss nach dieser Zeile stehen:

```
FOR zaehler = 1 TO 10
Programmanweisungen
END
```

Abgeschlossen wird die Zählschleife mit END.

**Achtung:** Der Abschluss der Zählschleife besteht aus END **ohne** den vorangehenden Punkt. Mit .END wird das gesamte Programm beendet.

Die Zählschleife allein ist wenig sinnvoll, weil sie sofort wiederholt würde, nachdem sie durchlaufen ist. Daher wird der Start des Programms mit einem Taster im Bedienpult ausgelöst.

Sinnvoll ist daher die folgende Vorgehensweise:

- Definieren Sie auf dem IF-Panel einen Start-Taster.
- Teachen Sie eine beliebige Pose und benennen Sie sie sinnvoll.
- Speichern Sie das Programm.
- Öffnen Sie das gespeicherte Programm mit Ihrem Texteditor.
- Definieren Sie einen beliebigen zweiten Punkt.
- Programmieren Sie die Zählschleife. Innerhalb der Schleife wird der TCP von Punkt zu Punkt bewegt.
- Fragen Sie den Starttaster ab, bevor die Zählschleife beginnt.

Ihr Programm könnte in etwa so aussehen:

```
.PROGRAM Schleife
   HOME ;Home-Pose anfahren
   SWAIT 2001                    ;Auf Start-Signal warten
   FOR zaehler = 1 TO 10         ;Schleife von 1 bis 10
      JMOVE punkt1
      JMOVE punkt2
      JMOVE punkt3
   END                           ;Ende der Schleife
.END
```

**Teil 2: Bedienung**

Neben dem Starttaster und der Signallampe können auch Variablen auf dem Bedienpult angezeigt werden, also auch die Zählvariable der Schleife.

*Bild 61: Bedienpult*

## Teil 3: Berechnen

Sie haben die Zählvariable kennengelernt. Diese Variable wird in jedem Durchgang um 1 erhöht. Und damit kann in jedem Durchgang mit dieser Variablen gerechnet werden.

Voraussetzung ist, dass die Positionen der Paletten und Werkstücke bekannt sind. In dieser Übung liegen die Werkstücke immer um 500 mm auseinander, die beiden Paletten um 1600 mm.

Damit reicht eine einzige Pose aus, um alle übrigen Poses automatisch zu berechnen.

Angenommen der Abholpunkt für Felge 1 sei bei X = –550, Y = 1250. Der Abholpunkt für Felge 2 müsste dann um 500 mm in Y-Richtung verschoben sein. Der Ablagepunkt für Felge 1 muss um 1600 mm in X-Richtung verschoben sein …

Für das Verschieben eines Punktes wird der Befehl SHIFT benutzt.

Innerhalb der Schleife wird also programmiert:

```
POINT Abholen = SHIFT(Felge1 BY 0,i*500)
```

Das heißt:

- Point Abholen Definiere einen neuen Punkt, der „Abholen“ genannt wird.
- = Der Punkt soll die folgende Pose beinhalten.
- SHIFT Die Daten sollen durch Verschiebung entstehen.
- Felge1 Angefangen bei der Pose Felge1.
- BY X,Y,Z Verschoben um die folgenden X-, Y-, Z – Werte.
- 0, 0 mm in X-Richtung.
- i * 500 i * 500 mm in Y-Richtung.

Ein Programm, das genau 2 Felgen transportiert, könnte dann so aussehen:

```
.PROGRAM schleife()#3
   HOME                         ;Home-Pose anfahren
   zaehler = 0
   IFPWPRINT 1,2=“Bitte starten“
   SWAIT 2001                   ;Auf Start-Signal warten
   FOR Yzaehler = 0 TO 1        ;Schleife von 0 bis 1
      IFPWPRINT 1,2=“Transportiert wird Werkst. Nr:“
      POINT abholen = SHIFT(felge1 BY 0,Yzaehler*500)
                                ;Berechne abholen
      POINT ablegen = SHIFT(felge1 BY 600,Yzaehler*500)
                                ;Berechne ablegen
      JAPPRO abholen, 200
      LMOVE abholen
      CLOSE
      LAPPRO abholen, 200
      JAPPRO ablegen, 200
      LMOVE ablegen
```

```
    OPEN
    LAPPRO ablegen, 200
  END
.END
```

Damit werden die beiden Felgen abgeholt, die in Y-Richtung verschoben sind. Kommen die beiden in X-Richtung verschobenen Felgen hinzu, dann wird eine zweite Schleife benötigt.

```
.PROGRAM schleife()#3
  HOME                        ;Home-Pose anfahren
  zaehler = 0
  IFPWPRINT 1,2="Bitte starten"
  SWAIT 2001                  ;Auf Start-Signal warten
  FOR Yzaehler = 0 TO 1       ;Schleife von 0 bis 1
    FOR Xzaehler = 0 TO 1     ;Schleife von 0 bis 1
    IFPWPRINT 1,2="Transportiert wird Werkst. Nr:"
    POINT abholen = SHIFT(felge1 BY Xzaehler*-
    500,Yzaehler*500)         ;Berechne abholen
    POINT ablegen = SHIFT(felge1 BY 1600+Xzaehler*-
    500,Yzaehler*500)         ;Berechne ablegen
    JAPPRO abholen, 200
    LMOVE abholen
    CLOSE
    LAPPRO abholen, 200
    JAPPRO ablegen, 200
    LMOVE ablegen
    OPEN
    LAPPRO ablegen, 200
    END                       ;Ende der X-Schleife
  END                         ;Ende der Y-Schleife
.END
```

## Weiterführende Aufgabe zu Übung 8

Öffnen Sie das Projekt Palettieren.

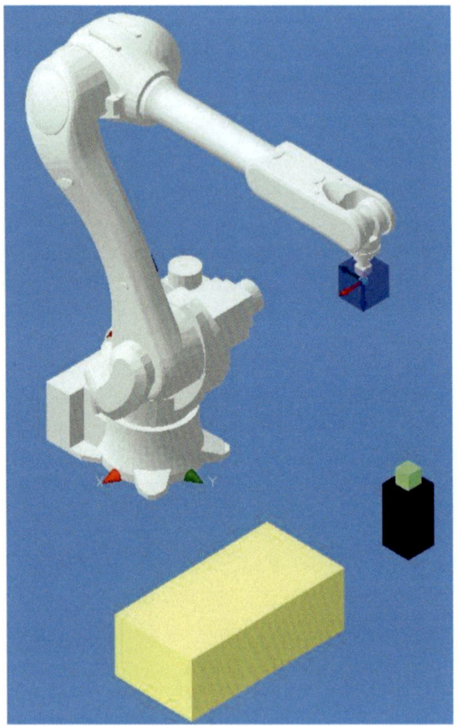

*Bild 62: Palettieren*

Es sollen 6 Werkstücke vom Arbeitsplatz abgeholt und gleichmäßig auf der Palette abgesetzt werden. Teachen Sie die Abholpose und die erste Palettenpose. Programmieren Sie den Roboter dann, sodass die einzelnen Palettenplätze automatisch berechnet werden.

## 4.9 Übung 9: Unterprogramme und relative Bewegung

### Aufgabe

Ein Roboter wird eingesetzt, Werkstücke auf zwei Werkstückträger zu verteilen.

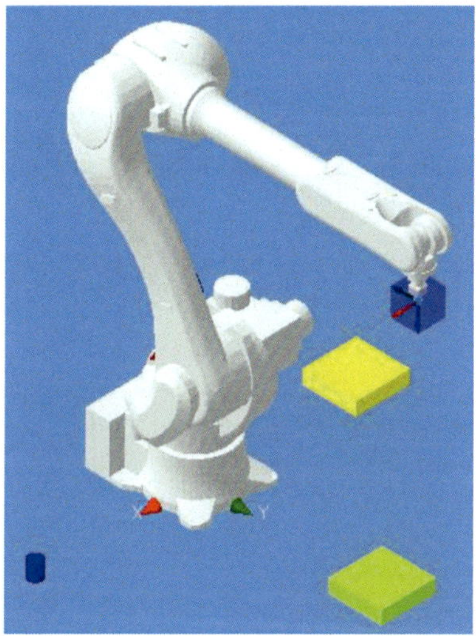


*Bild 63: Verteilen auf 2 Paletten*

Im Projekt „Verteilen“ liegen 8 Werkstücke bereit, die auf die beiden Werkstückträger aufgeteilt werden sollen. Auf jeden Träger sollen dabei 4 Werkstücke gesetzt werden.

### Theorie

Wenn Sie diese Übung bearbeiten,

- lernen Sie relative Bewegungen kennen und
- lernen Unterprogramme zu nutzen.

### Ausführung

Laden Sie das Projekt „Verteilen“.

### Teil 1: Wiederholung

Es lohnt, an einem weiteren Beispiel zu wiederholen, was in der vorherigen Übung erlernt wurde. Jeder Werkstückträger hat 2 x 2 Plätze. Beginnen Sie mit dem Werkstückträger vor dem Roboter (also in +Y-Richtung des Roboters). Die Werkstücke sollen im Abstand von je 100 mm abgelegt werden.

- Den Abholpunkt und den ersten Ablegepunkt auf dem Werkstückträger teachen Sie.
- Das Interface-Panel konfigurieren Sie mit einer Textzeile sowie dem Starttaster.
- Anschließend speichern Sie die Daten in einer AS-Datei.
- Jetzt können Sie das Programm ganz ähnlich der letzten Übung beginnen.
  - Abschnitt 1: HOME-Pose, auf dem Bedienpanel das Startsignal anfordern, auf dieses Signal warten.
  - Abschnitt 2: Schleifen für die beiden Reihen (oder Spalten) programmieren.
  - Abschnitt 3: Ablegeposition berechnen.
  - Abschnitt 4: Anzeige auf dem Bedienpult, dass Werkstückträger 1 bedient wird, Abholen eines Werkstücks, Ablegen des Werkstücks.

Testen Sie Ihr Programm.

Erst dann programmieren Sie den Transport zum Werkstückträger 2. Der Werkstückträger 2 steht in X-Richtung um –600 mm und in Y-Richtung um –700 mm versetzt. Sie werden vermutlich bei Ihrem ersten Versuch eine Fehlermeldung erhalten: „End point beyond motion range". Wenn Sie versuchen, ein Werkstück direkt von der Abholposition zum Werkstückträger 2 zu transportieren, verläuft die Luftlinie zwischen den beiden Poses durch den Roboter hindurch. Es würde also zu einer Kollision kommen. Daher wird zwischen diesen Punkten eine Zwischenposition benötigt, die lediglich dafür sorgt, dass der Greifer um den Robotersockel herum bewegt wird. Für die Zwecke dieser Übung ist die HOME-Pose dafür gut geeignet.

Das Programm könnte schließlich etwa so aussehen:

```
.INTER_PANEL_D
0,9,1,7,6
16,2,““,“ Start“,““,““,1,6,4,2010,0
.END
.INTER_PANEL_TITLE
„“,0
„“,0
„“,0
„“,0
„“,0
„“,0
„“,0
„“,0
.END
.INTER_PANEL_COLOR_D
182,3,224,244,28,159,252,255,251,255,0,31,2,241,52,219,
.END
.SIG_COMMENT
.END
```

```
.PROGRAM Verteilen()
HOME                          ;Fahre in Home Pose
SPEED 5 ALWAYS                ;Geschwindigkeit auf 1ß% senken
IFPWPRINT 1 = „Bitte starten“
SWAIT 2010                    ;Warten auf das Startsignal

FOR traeger1 = 0 TO 1         ;Reihe 1 des Werkstuecktraegers 1
   FOR traeger1_1 = 0 TO 1    ;Reihe 2 des Werkstuecktraegers 1
      IFPWPRINT 1 = „Werkstuecktraeger 1 wird befuellt“
      POINT ablegen = SHIFT(ablegen_1_1 BY traeger1 * -100,
      traeger1_1 * 100)       ; Ablegepunkt berechnen
      JAPPRO abholen, 200     ;Werkstueck abholen
      LMOVE abholen
      CLOSE
      LAPPRO abholen, 200
      JAPPRO ablegen, 200     ;Werkstueck ablegen
      LMOVE ablegen
      OPEN
      LAPPRO ablegen, 200
   END
END

FOR traeger2 = 0 TO 1         ;Reihe 1 des Werkstuecktraegers 2
   FOR traeger2_1 = 0 TO 1    ;Reihe 2 des Werkstuecktraegers 2
      IFPWPRINT 1 = „Werkstuecktraeger 2 wird befuellt“
         POINT ablegen = SHIFT(ablegen_1_1 BY
         (traeger2 * -100)-600, (traeger2_1 * 100)-700)
                              ; Ablegepunkt berechnen

            HOME              ;Zwischenpose
         JAPPRO abholen, 200  ;Werkstueck abholen
         LMOVE abholen
         CLOSE
         LAPPRO abholen, 200
         HOME                 ;Zwischenpose
         JAPPRO ablegen, 200  ;Werkstueck ablegen
         LMOVE ablegen
         OPEN
      LAPPRO ablegen, 200
   END
END
.END

.TRANS
abholen 600.000000 0.000000 -350.000000 175.291077 179.984695
        -4.701036
ablegen_1_1 25.000000 650.000000 -310.000000 95.199936
            179.986557 -84.799942
.END
```

### Teil 2: Relative Bewegung

Bisher sind alle Bewegungsbefehle mit dem Namen einer Pose verknüpft. MOVE ebenso wie APPRO verlangen nach einem Namen. Gleichgültig, in welcher Pose der Greifer gerade steht, mit MOVE und dem entsprechenden Pose-Namen wird die Steuerung immer versuchen, den TCP zu exakt der gewünschten Pose zu bewegen. Man spricht von einer „absoluten" Bewegung oder einem „absoluten" Bewegungsziel.

Im Gegensatz dazu gibt es aber auch die relative Bewegung, also einer Bewegung, die nicht das Ziel angibt, sondern die von der aktuellen Pose ausgeht und in eine vorgegebene Richtung geht. Wo das Ziel dieser Bewegung ist, ist also davon abhängig, von wo die Bewegung ausgeht.

Das Konzept dieser Bewegungsbefehle kann sehr gut an dem aktuellen Programmbeispiel erprobt werden. Mit `JAPPRO abholen, 200` wird der Greifer 200 mm über die Abhol-Pose bewegt. Von da aus muss er 200 mm in Z-Richtung des Werkzeug-Koordinatensystems bewegt werden. Bisher heißen die Programmzeilen:

```
JAPPRO abholen, 200        ;Werkstueck abholen
LMOVE abholen
```

Statt der LMOVE-Bewegung könnte man aber auch eine Bewegung 200 mm in Z-Richtung auslösen. Dann hieße das Programm:

```
JAPPRO abholen, 200        ;Werkstueck abholen
TDRAW 0,0,200              ;200 mm in Z+ des Werkzeug-
                            Koordinatensystems
```

Dabei löst der Befehl DRAW immer eine lineare Bewegung aus, als DRAW im Basis-Koordinatensystem, als TDRAW im Werkzeug-Koordinatensystem.

Das Programm könnte also so geändert werden:

```
FOR traeger1 = 0 TO 1          ;Reihe 1 des Werkstuecktraegers 1
   FOR traeger1_1 = 0 TO 1     ;Reihe 2 des Werkstuecktraegers 1
      IFPWPRINT 1 = „Werkstuecktraeger 1 wird befuellt"
         POINT ablegen = SHIFT(ablegen_1_1 BY traeger1 * -100,
         traeger1_1 * 100)     ; Ablegepunkt berechnen

         JAPPRO abholen, 200   ;Werkstueck abholen
         TDRAW 0,0,200         ;200 mm in Z-Richung vorwärts
         CLOSE
         TDRAW 0,0,-200        ;200 mm in Z-Richung zurück

         JAPPRO ablegen, 200   ;Werkstueck ablegen
         TDRAW 0,0,200         ;200 mm in Z-Richung vorwärts
         OPEN
         TDRAW 0,0,-200        ;200 mm in Z-Richung zurück
   END
END
```

**Teil 3: Unterprogramm**

Für beide Werkstückträger lauten die Bewegungsabschnitte des Programms genau gleich. Das Abholen benötigt jeweils 4 Zeilen:

```
        JAPPRO abholen, 200  ;Werkstueck abholen
        TDRAW 0,0,200        ;200 mm in Z-Richung vorwärts
        CLOSE
        TDRAW 0,0,-200       ;200 mm in Z-Richung zurück
```

Das Ablegen ebenfalls:

```
        JAPPRO ablegen, 200  ;Werkstueck ablegen
        TDRAW 0,0,200        ;200 mm in Z-Richung vorwärts
        OPEN
        TDRAW 0,0,-200       ;200 mm in Z-Richung zurück
```

Man kann diese Programmzeilen daher auslagern in ein Unterprogramm. Sinnvollerweise wird das Unterprogramm so benannt, dass sein Zweck deutlich wird.

```
.Program P_abholen()
        JAPPRO abholen, 200  ;Werkstueck abholen
        TDRAW 0,0,200        ;200 mm in Z-Richung vorwärts
        CLOSE
        TDRAW 0,0,-200       ;200 mm in Z-Richung zurück
        RETURN
.END
```

Im Gegensatz zu den ursprünglich 4 Programmzeilen wird hier noch die 5. Zeile benötigt: RETURN sorgt dafür, dass zu dem ursprünglichen Hauptprogramm zurückgekehrt wird. Der Aufruf eines Unterprogramms erfolgt mit dem Befehl CALL.

Das vollständige Programm sieht dann etwa so aus:

```
.PROGRAM Verteilen()
HOME                         ;Fahre in Home Pose
SPEED 5 ALWAYS               ;Geschwindigkeit auf 10% senken
IFPWPRINT 1 = „Bitte starten“
SWAIT 2010                   ;Warten auf das Startsignal

FOR traeger1 = 0 TO 1        ;Reihe 1 des Werkstuecktraegers 1
   FOR traeger1_1 = 0 TO 1   ;Reihe 2 des Werkstuecktraegers 1
      IFPWPRINT 1 = „Werkstuecktraeger 1 wird befuellt“
         POINT ablegen = SHIFT(ablegen_1_1 BY traeger1 * -100,
         traeger1_1 * 100)    ; Ablegepunkt berechnen
         CALL P_abholen
         CALL P_ablegen
   END
END
```

```
FOR traeger2 = 0 TO 1         ;Reihe 1 des Werkstuecktraegers 2
   FOR traeger2_1 = 0 TO 1    ;Reihe 2 des Werkstuecktraegers 2
      IFPWPRINT 1 = „Werkstuecktraeger 2 wird befuellt“
         POINT ablegen = SHIFT(ablegen_1_1 BY
         (traeger2 * -100)-600, (traeger2_1 * 100)-700)
                              ; Ablegepunkt berechnen

         HOME
         CALL P_abholen
         HOME
         CALL P_ablegen
   END
END
.END
.PROGRAM P_abholen()
         JAPPRO abholen, 200  ;Werkstueck abholen
         TDRAW 0,0,200        ;200 mm in Z-Richung vorwärts
         CLOSE
         TDRAW 0,0,-200       ;200 mm in Z-Richung zurück
         RETURN
.END
.PROGRAM P_ablegen()
         JAPPRO ablegen, 200  ;Werkstueck ablegen
         TDRAW 0,0,200        ;200 mm in Z-Richung vorwärts
         OPEN
         TDRAW 0,0,-200       ;200 mm in Z-Richung zurück
         RETURN
.END
```

**Weiterführende Aufgabe zu Übung 9**

Öffnen Sie das Projekt Rillenkugellager_Reinigung. Sie sehen eine zusätzliche Station. In dieser Station sollen die Werkstücke gereinigt werden. Dafür muss der Greifer die Werkstücke in die Reinigungsstation setzen, mit einem Signal die Reinigung starten (simuliert durch eine Lampe im Bedienpult) und nach 15 Sekunden die Reinigung abschalten sowie das Werkstück wieder abholen.

Lagern Sie den Reinigungsprozess in ein Unterprogramm aus.

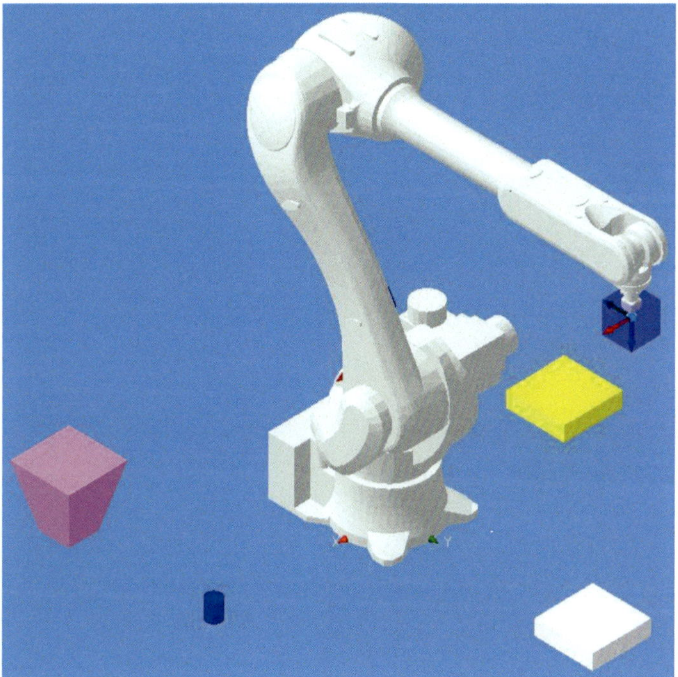

*Bild 64: Reinigen und Palettieren*

## 4.10 Übung 10: WENN – DANN – SONST

### Aufgabe

Keine Produktion kommt ohne Qualitätskontrolle aus. Der Roboter vermittelt zwischen Produktionslinie, Qualitätskontrolle und Weiterverarbeitung.

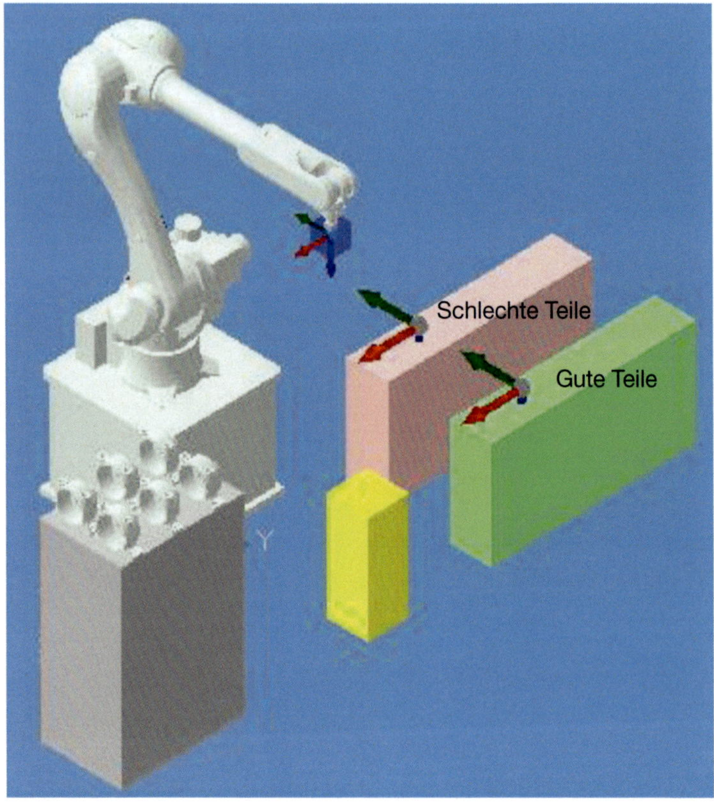


*Bild 65: Prüfstation*

Im Projekt Kontrolle nimmt der Roboter Pumpengehäuse von einer Palette auf, setzt sie in eine Prüfstation (im Bild die gelbe Station) und erhält von der Prüfstation das Ergebnis „Gut" oder „Schlecht". Je nach Prüfergebnis werden die Gehäuse auf ein Förderband für gute oder schlechte Teile abgelegt.

In der Palette sind die Pumpengehäuse im Abstand von jeweils 200 mm in X- und Y-Richtung abgelegt.

**Theorie**

Wenn Sie diese Übung bearbeiten,

- können Sie den Roboter abhängig von äußeren Bedingungen steuern.

Der Roboter muss hier abhängig von einem externen Signal arbeiten. WENN das Werkstück gut ist, DANN wird es zum Förderband „Gut“ transportiert, SONST wird es zum Förderband „Schlecht“ transportiert. Mit den Operanden IF – THEN – ELSE wird genau diese bedingungsabhängige Logik programmiert.

**Ausführung**

**Teil 1: Das Interface-Panel**

Die Prüfstation wird mithilfe des Interface-Panel simuliert. Ein Schalter übernimmt die Signalisierung des Prüfergebnisses. Das IF-Panel könnte so aussehen:

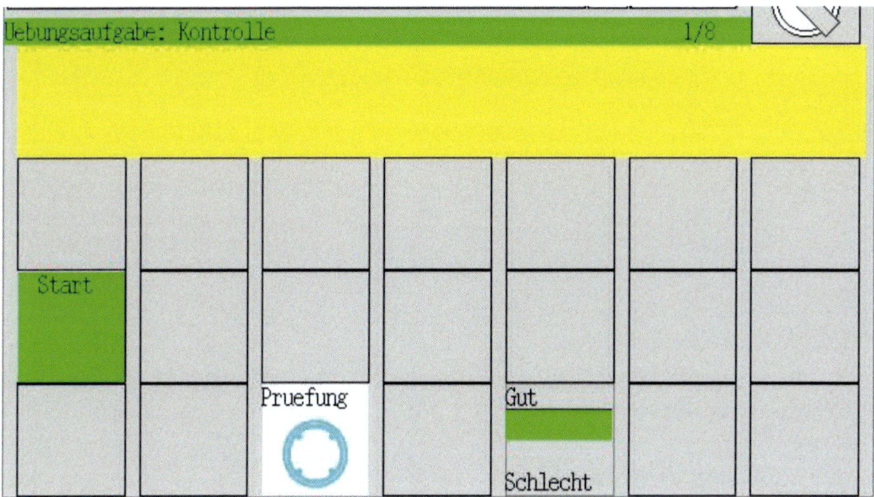


*Bild 66: IF-Panel*

Die dazugehörenden Daten in der AS-Datei zeigen die 4 Elemente des Panels sowie die Überschrift.

.INTER_PANEL_D

```
0,9,1,7,6 ;Textzeile oben
14,2,“ Start“,““,““,““,10,6,4,2010,0 ;Starttaster
23,1,“Pruefung“,““,““,““,10,7,1,11,2011,0 ;Lampe simuliert das
Prüfsignal
25,4,2,“Gut“,““,““,“Schlecht“,10,4,2,2020,2021,0 ;Wahlschalter
simuliert das Prüfergebnis
.END
```

```
.INTER_PANEL_TITLE
„Uebungsaufgabe: Kontrolle“,1 ;Überschrift der Seite 1 des IF-
Panels
„“,0
„“,0
„“,0
„“,0
„“,0
„“,0
„“,0
.END
```

**Teil 2: Teachen**

Nun werden noch 4 Poses benötigt: Abholplatz 1, Prüfplatz, Ablage gute Teile und Ablage schlechte Teile.

```
.TRANS
abholen1 825.000000 810.000000 150.000000 148.330078 179.997726
         -31.661957
guteteile -750.000000 1000.000000 -270.000000 119.704887
          179.971008 -60.298534
pruefen 0.000000 1000.000000 -270.000000 92.527679 179.967346
        -87.476463
schlechteteile -750.000000 500.000000 -270.000000 125.450043
               179.973831 -54.529037
.END
```

**Teil 3: Unterprogramm Holen**

Das Abholen eines Werkstücks erfolgt wie bereits bekannt durch Annäherung und Anfahren und Greifen.

```
.PROGRAM holen
   JAPPRO abholen, 200
   TDRAW 200
   CLOSE
   TDRAW -200
   RETURN
.END
```

**Teil 4: Unterprogramm Prüfen**

Für das Prüfen des Werkstücks muss das Werkstück auf die Prüfstation aufgelegt werden. Der Greifer verlässt den Prüfplatz und gibt das Signal für das Prüfen. Nach 10 Sekunden wird das Prüfsignal abgeschaltet und der Greifer nimmt das Werkstück wieder auf.

```
.PROGRAM pruef()
   JAPPRO pruefen, 200 ;Annaehern
   TDRAW 0,0,200 ;In die Pruefstation fahren
   OPEN ;Greifer oeffnen
   TDRAW 0,0,-500 ;Den Greifer aus der Pruefstation nehmen
   SIGNAL 2011 ;Pruefung starten
   IFPWPRINT 1="Werkstueck wird geprueft"
   TWAIT 10 ;10 Sekunden warten
   IFPWPRINT 1="Pruefung ist beendet"
   TDRAW 0,0,500
   CLOSE
   TDRAW 0,0,-200
   RETURN
.END
```

**Teil 5: Das Hauptprogramm mit der Signalauswertung**

Im Hauptprogramm werden die Abholposes berechnet und die Signalauswertung ausgeführt.

```
.PROGRAM Kontrolle()
   HOME
   SWAIT 2010                      ;Warten auf den Starttaster
   FOR Reihe = 0 TO 1
      FOR Spalte = 0 to 2
         POINT abholen = SHIFT(abholen1 BY spalte * 200,
         Reihe*200)
         CALL holen                ;Werkstueck holen
         CALL pruef                ;Werkstueck pruefen
         IF SIG(2020) THEN
            IFPWPRINT 1="Das Werkstueck ist als GUT geprueft"
            JAPPRO guteteile, 200
               TDRAW 0,0,200
               OPEN
               TDRAW 0,0,-200
         ELSE
            IFPWPRINT 1="Das Werkstueck ist SCHLECHT geprueft"
            JAPPRO schlechteteile, 200
               TDRAW 0,0,200
               OPEN
               TDRAW 0,0,-200
         END
         HOME
      END
   END
.END
```

Beachten Sie bitte: Der Wahlschalter für die Gut-/Schlecht-Prüfung muss einmal betätigt worden sein, damit die Simulation das Signal richtig auswertet.

**Weiterführende Aufgabe zu Übung 10**

Erweitern Sie das Programm so, dass die Gut- und Schlecht-Teile nicht ineinander gelegt werden, sondern hintereinander in einem Abstand von jeweils 150 mm.

# 5 Konkret: Der Knickarm-Roboter praktisch

## 5.1 Vorbereitung: Die Simulation mit K-ROSET

Zu einem Industrieroboter gehört ein Softwarepaket zur Programmierung, Bedienung und Simulation des Roboters. Dabei ist die Simulation des Roboters ein wesentlicher Teil jeder Vertriebsstrategie eines Roboterherstellers, denn mithilfe der Simulationssoftware sollen die Möglichkeiten des Robotereinsatzes getestet werden.

Für das Kennenlernen der Robotertechnik in Schule, Ausbildung und Beruf bieten die jeweiligen Softwarepakete die ideale Möglichkeit, sich ohne große Kosten in die Technik der Industrieroboter einzuarbeiten.

Die Simulationssoftware soll daher mehrere Aufgaben erfüllen. Dazu gehören

- das Training für den Umgang und die Bedienung des Roboters,
- das Erlernen der Programmiermethoden und das praktische Programmieren des Roboters,
- die Datensicherung der Robotersteuerung,
- die räumliche Einordnung des Roboters in eine Arbeitszelle mit der Prüfung, ob der Arbeitsraum des Roboters für eine konkrete Aufgabe ausreicht, und
- die Kontrolle der möglichen Arbeitsgeschwindigkeit des Roboters, nicht in der Form einer Maximalgeschwindigkeit, sondern in der Form der Zeit pro Arbeitszyklus.

### K-ROSET nutzen

Die Software K-ROSET (Kawasaki Robot Solutions) wird in zwei Versionen angeboten: Die „Lite“-Version, die ohne Lizenzgebühren frei verfügbar und nutzbar ist, sowie die Vollversion, die bei Kawasaki Robotics gegen Gebühr bestellbar ist. Die Lite-Version ist auf der diesem Buch beiliegenden CD enthalten.

Mit beiden Versionen können unterschiedliche von Kawasaki angebotene Roboter programmiert, simuliert und getestet werden. Im Gegensatz zur Vollversion kann aber mit der Lite-Version keine Roboterzelle mit Werkstücken und Zellenzubehör erstellt werden, und es können nicht mehrere Roboter in einem Projekt bearbeitet werden. Für die Bearbeitung dieses Crashkurses ist die Lite-Version aber völlig ausreichend. Vor allem kann sowohl die Bedienung des Industrieroboters als auch die Programmierung ohne Einschränkung erlernt und geübt werden. Jede Software wird ständig weiterentwickelt. Gerade die Simulationssoftware der Roboter-Hersteller muss an neue Hard- und Software neuer Robotermodelle angepasst werden.

Zu diesem Crashkurs gehören zwei Versionen von K-Roset: Die Version 1.7.0.1 und 1.8.4.1

Empfohlen wird die Verwendung der älteren Version 1.7.0.1, die auch automatisch installiert wird. Nur wenn diese Version aufgrund von Inkompatibilität mit Ihrem PC nicht korrekt ausgeführt wird (die Menüs werden nicht richtig angezeigt), benutzen Sie die aktuelle (Stand 04/2022) Version 1.8.4.1, die ebenfalls bei Ihren Daten zu finden ist. Allerdings unterstützt die aktuelle Version von K-Roset in der Lite-Version nicht mehr das Schließen des Greifers. In den verschiedenen Greifer-Übungen werden also mit Version 1.8 die Werkstücke nicht transportiert

## Roboterzelle und Robotersteuerung

Nach dem Start von K-ROSET sehen Sie im Zentrum eine leere Roboterzelle.

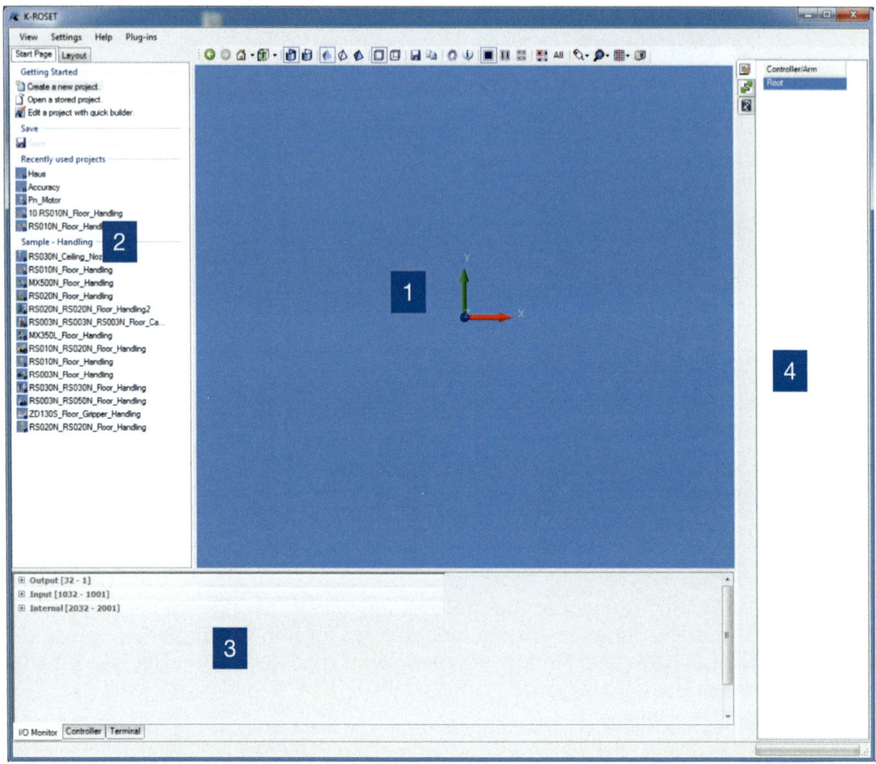


*Bild 67: Der K-ROSET-Bildschirm*

Im Mittelpunkt der Zelle (1) wird der Ursprung des „Welt-Koordinatensystems" eingetragen. Ausgehend von diesem Ursprung werden alle Elemente innerhalb der Zelle angeordnet.

Im Navigator der Software (2) finden Sie bereits vorhandene Roboterzellen oder können unter dem Reiter „Layout" die Roboterzelle konfigurieren.

Im Steuerungsbereich (3) von K-ROSET haben Sie Zugriff auf die Robotersteuerung und das Bedienpult des Roboters.

Im Teachbereich (4) kann für die Experten-Simulation per Direkteingabe geteacht und getestet werden. Dieser Bereich wird in diesem Crashkurs nicht benutzt.

**Wichtig:**

Die Simulation des Industrieroboters muss zwei Aufgaben bewältigen: Es muss erstens eine **Roboterzelle** simuliert werden. Im Mittelpunkt stehen der Roboter sowie zur Zelle gehörende Komponenten, wie einfache Bauelemente (Zaun, Podest o. Ä.), Werkstücke, die vom Roboter transportiert werden können und der Roboterarm selbst. Es müssen zweitens die **Robotersteuerung** sowie das das daran angeschlossene Bedienpult simuliert werden. Diese Simulation soll so nah wie möglich und sinnvoll an der Bedienung eines realen Roboters orientiert sein.

Aus dieser Trennung ergibt sich, dass die beiden Simulationsprogramme (Roboterzelle und Robotersteuerung) ihre Daten getrennt speichern. Die Simulation der Roboterzelle agiert wie ein übliches Windows-Programm. Gespeichert wird aus dem Kontextmenü des Roboters heraus mit Project → Save (Speichern unter ...) oder Project → Overwrite (Speichern). Alle Daten, die beim realen Roboter in der Robotersteuerung gespeichert werden, sind in K-ROSET ebenfalls in der simulierten Robotersteuerung gespeichert. Nur kann diese Simulation beendet werden, die Daten sind dann verloren, während beim realen Roboter die Daten in der Steuerung gespeichert bleiben. Sollen also die Daten der Robotersteuerung in der Simulation erhalten bleiben, müssen sie aus der simulierten Steuerung in das Dateiverzeichnis des PCs „geholt" werden. Dafür wird, genauso wie es mit dem realen Roboter gemacht wird, eine „Terminal"-Verbindung zwischen PC und Roboter hergestellt, und die Roboterdaten mit „save" gespeichert.

### Das erste K-ROSET Projekt

Voraussetzung: K-ROSET ist installiert.

Starten Sie K-ROSET.[10] Die vier Fenster für die Navigation (1), die Roboterzelle (2), die Steuerung (3) und den Teachbereich (4) können Sie, wie unter Windows üblich, beliebig vergrößern und verschieben.

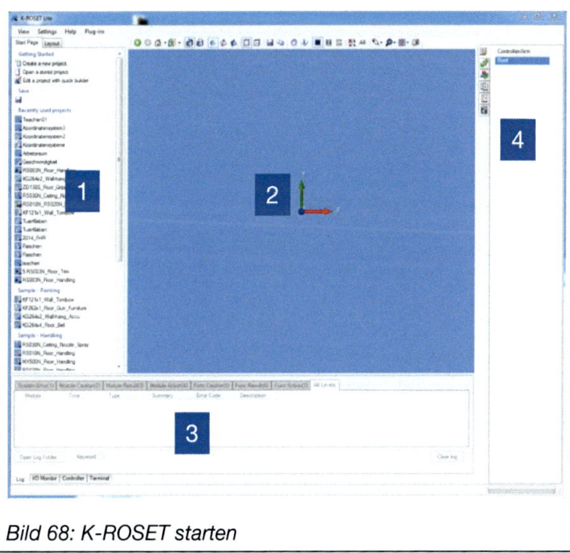


*Bild 68: K-ROSET starten*

10 *Einen kleinen Film für den Einstieg in K-ROSET finden Sie hier:* *https://www.youtube.com/watch?v=9XXxJwKT5t4*

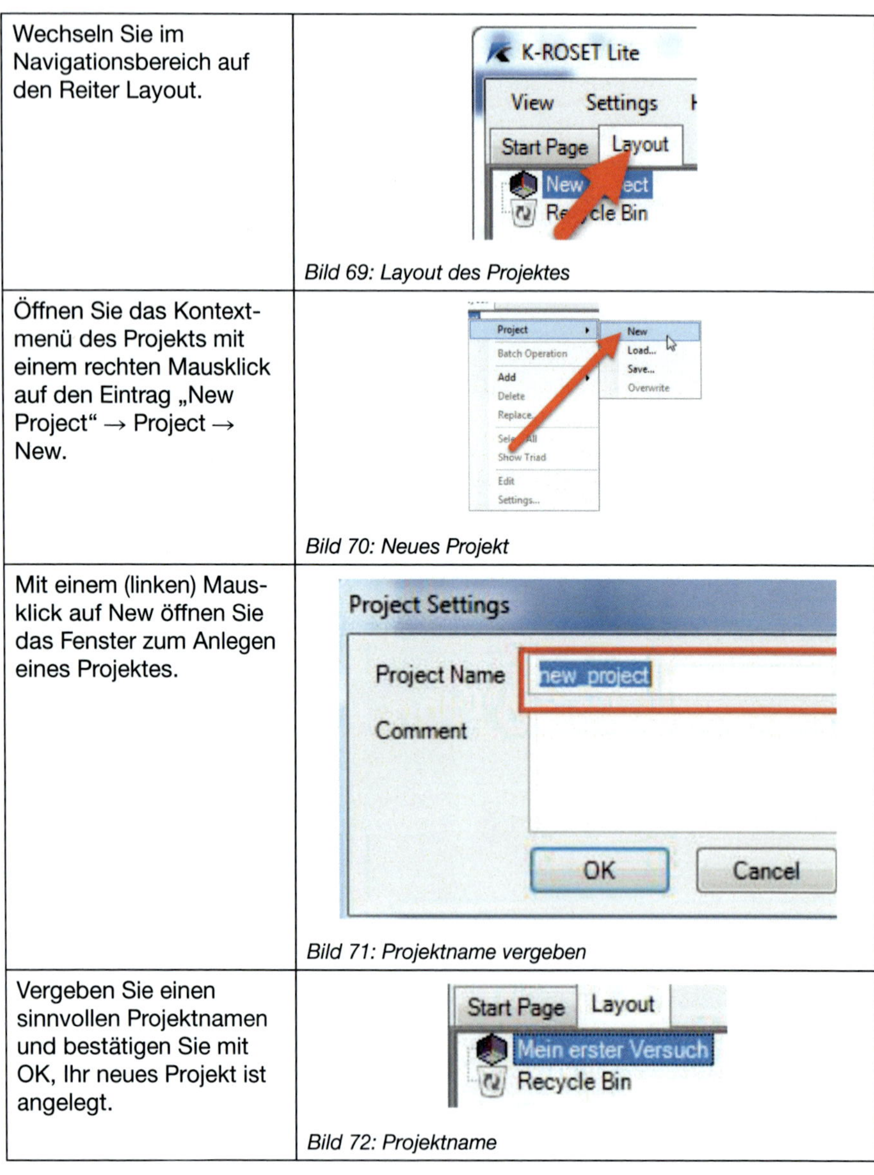

| | |
|---|---|
| Wechseln Sie im Navigationsbereich auf den Reiter Layout. | Bild 69: Layout des Projektes |
| Öffnen Sie das Kontextmenü des Projekts mit einem rechten Mausklick auf den Eintrag „New Project“ → Project → New. | Bild 70: Neues Projekt |
| Mit einem (linken) Mausklick auf New öffnen Sie das Fenster zum Anlegen eines Projektes. | Bild 71: Projektname vergeben |
| Vergeben Sie einen sinnvollen Projektnamen und bestätigen Sie mit OK, Ihr neues Projekt ist angelegt. | Bild 72: Projektname |

| | |
|---|---|
| Mit einem rechten Mausklick auf den Projektnamen öffnen Sie das Kontextmenü Ihres Projektes und wählen den Eintrag Add → Robot. | 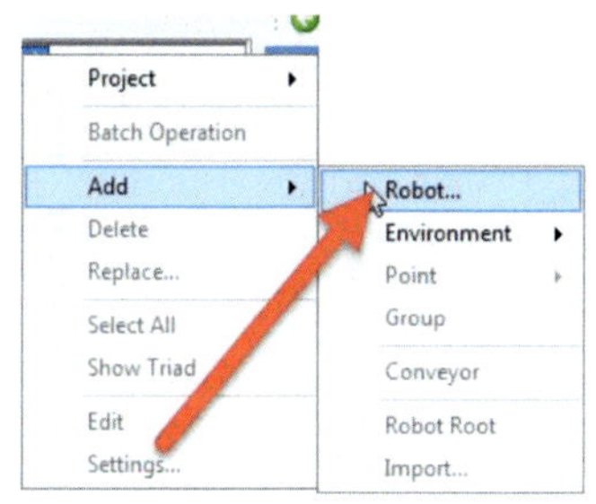<br>*Bild 73: Roboter hinzufügen* |
| Aus dem Menü der möglichen Roboter wählen Sie<br>• Application → Handling<br>• Controller → E-Controller<br>• Series → R-Series<br>• Library Type → Standard<br>• Product Code → RS010-L<br>• AS Version 10100V2M<br>**Wichtig:**<br>Im Rahmen dieses Crashkurses und der mitgelieferten Software können Sie einen Roboter im Menü „Product Code" frei wählen. Alle übrigen Optionen müssen wie nebenstehend eingetragen unverändert bleiben. | 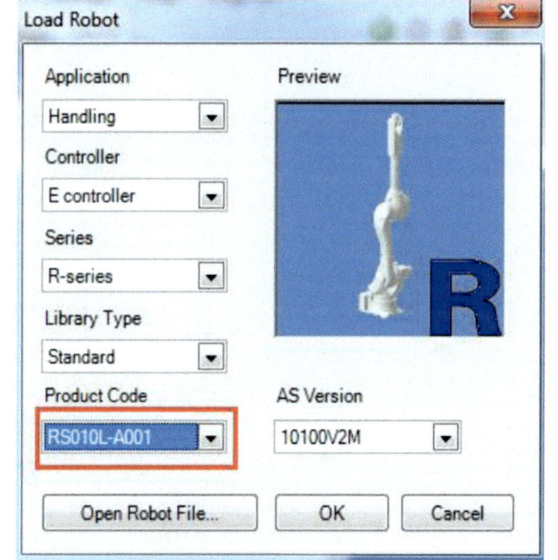<br>*Bild 74: Auswahl des Roboters* |

<table>
<tr>
<td>Mit einem Klick auf OK wird der gewählte Roboter im Fenster der Roboterzelle gezeigt. Sie blicken von oben senkrecht auf den Flansch des Roboters. Alle Roboterachsen sind auf 0° positioniert.</td>
<td>
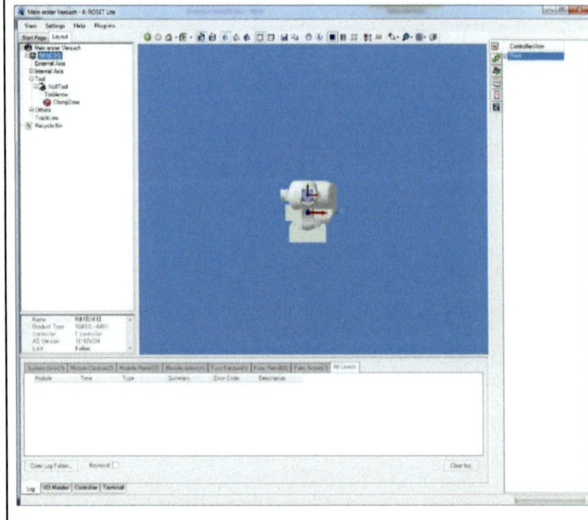

*Bild 75: Der Roboter in der Zelle*
</td>
</tr>
<tr>
<td>Öffnen Sie das Menü Plug-ins und klicken Sie auf View Manager.</td>
<td>
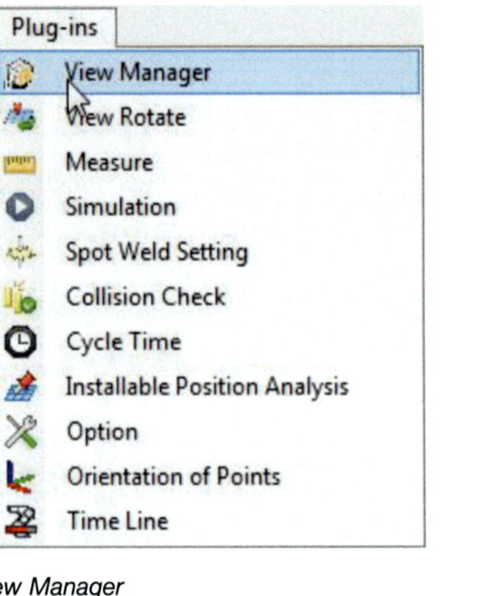


*Bild 76: View Manager*
</td>
</tr>
</table>

Der View Manager bietet vorgefertigte Ansichten, die einen schnellen Zugriff auf sinnvolle Blickwinkel zum Roboter ermöglichen.

Die hier dargestellte Ansicht von schräg oben ist die Ansicht O des View Managers.

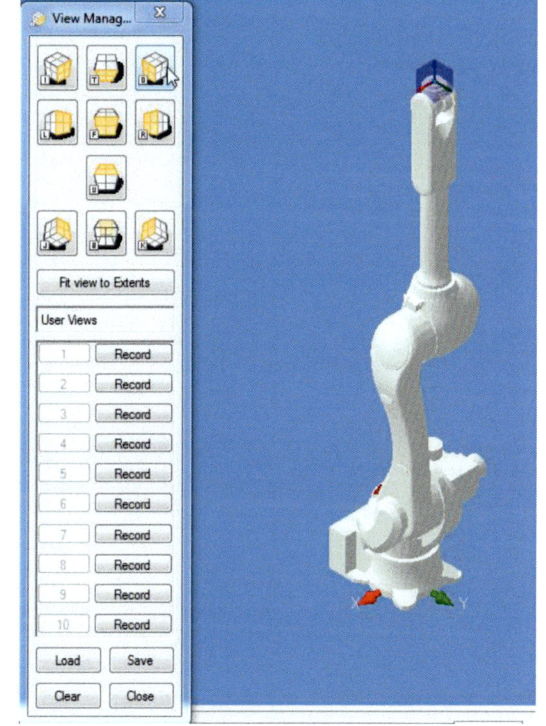


*Bild 77: View Manager Ansicht O*

Die Roboterzelle ist damit aufgebaut. Sichern Sie die Zelle, indem Sie im Reiter Layout, im Kontextmenü Ihres Projektes die Option Project → Overwrite wählen.

Damit ist Ihre Roboterzelle für weitere Bearbeitungen gespeichert.

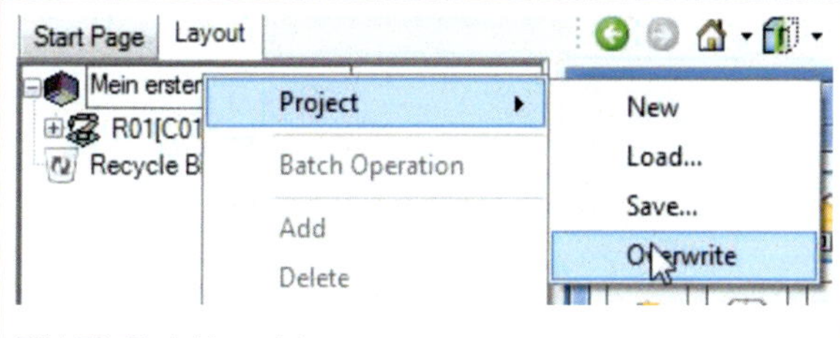


*Bild 78: Projekt speichern*

<table>
<tr>
<td>Wechseln Sie jetzt zur Robotersteuerung, dem Fenster unterhalb der Zelle. Sie finden am unteren Rand vier Reiter:<br><br>Log, I/O-Monitor, Controller, Terminal</td>
<td>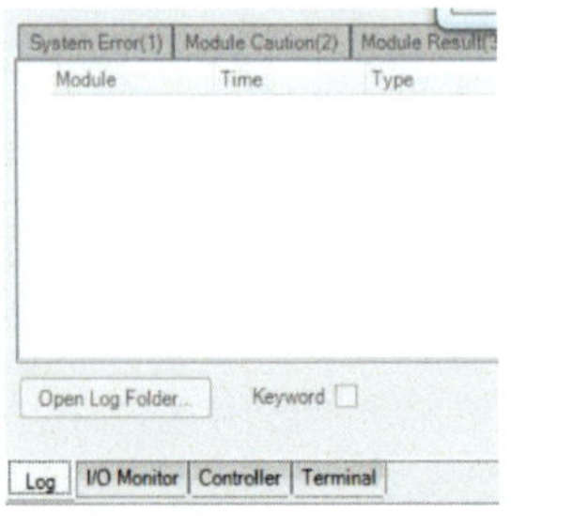
<br>
Bild 79: Fenster Robotersteuerung</td>
</tr>
<tr>
<td>Wählen Sie den Reiter Controller und Sie finden zwei neue Reiter oberhalb: R01 und Quick Settings. Öffnen Sie Quick Settings, aktivieren Sie den Eintrag „Animate Robot in Teach Mode“ und bestätigen Sie mit Apply.<br><br>Dieser Eintrag ist Voraussetzung dafür, dass die Simulation den Roboter während des Teachens auf dem Bildschirm „animiert“, also die Bewegungen sichtbar macht.</td>
<td>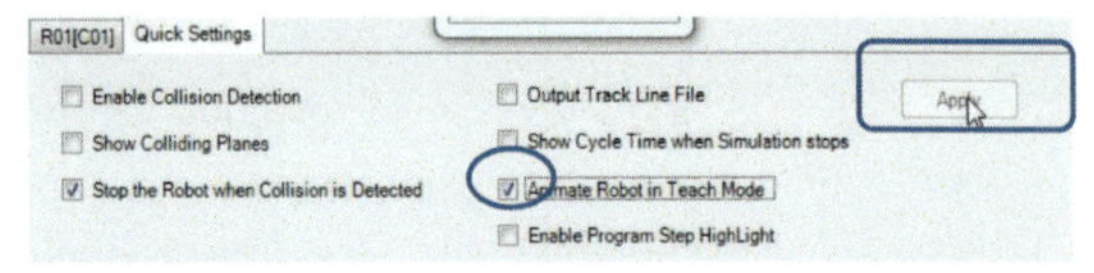
<br>
Bild 80: Animate Robot in Teach Mode</td>
</tr>
<tr>
<td>Wechseln Sie zurück zum Reiter R01 und verbinden Sie das Bedienpult mit dem Roboter durch Klick auf Show Pendant.</td>
<td>
<br>
Bild 81: Show Pendant</td>
</tr>
</table>

| | |
|---|---|
| Jetzt werden auf dem Bildschirm die Roboterzelle und das Bedienpult angezeigt. | 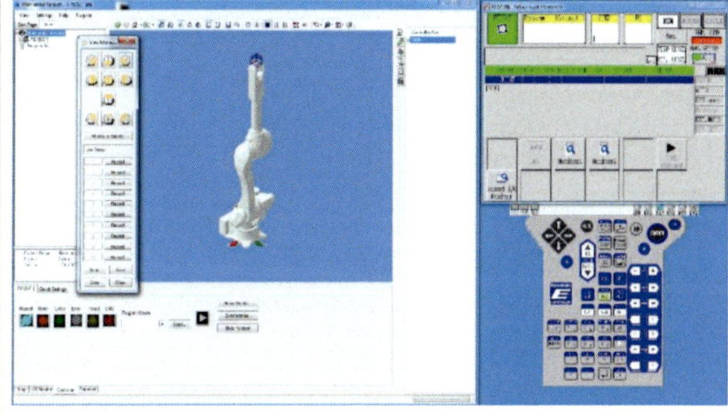<br>*Bild 82: Roboterzelle und Bedienpult* |
| Das Bedienpult ist nahezu identisch mit dem realen Bedienpult der aktuellen Steuerungsserie E.<br>Der obere Teil ist ein Farb-Touchscreen, der untere Teil ist eine speziell für diese Anwendung optimierte Tastatur.<br>Das reale Bedienpult (links) hat oberhalb des Touchscreen den Umschalter Teach/Repeat (links) und den Not-Aus-Schalter.<br>Das virtuelle Bedienpult (rechts) von K-ROSET hat zwischen oberem und unterem Teil die Bedienschalter für Teach/Repeat, Motor usw. | 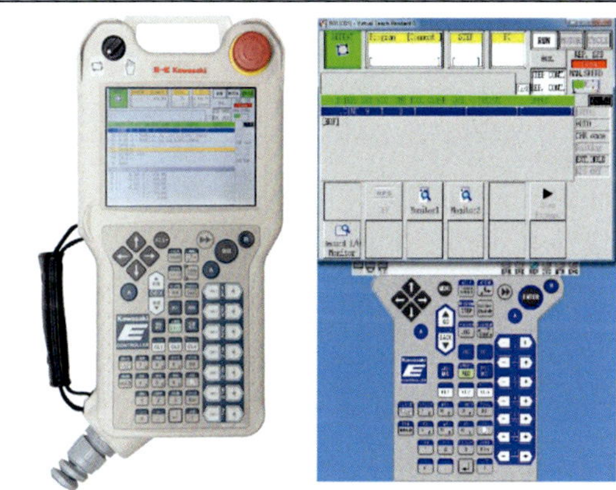<br>*Bild 83: Bedienpult real und in der Simulation* |

| | |
|---|---|
| Vergeben Sie mit dem Teach-Pendant einen Programmnamen. Dafür klicken Sie in das Fenster „Program“ oben links im Touch-Bereich. | 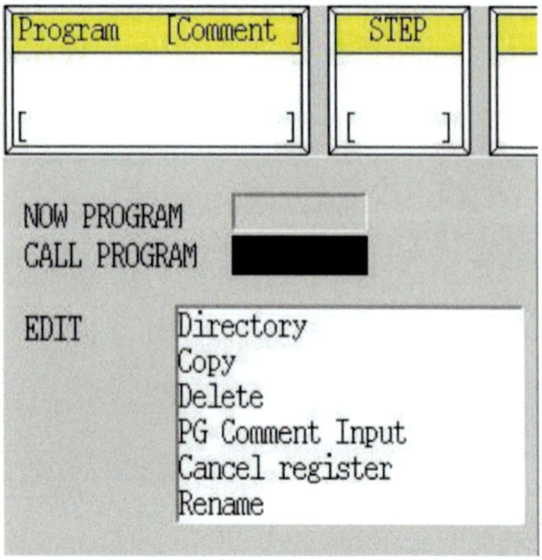 *Bild 84: Programmname* |
| Sie können jetzt mit der Tastatur im unteren Bereich des Bedienpults die Taste 1 betätigen. | 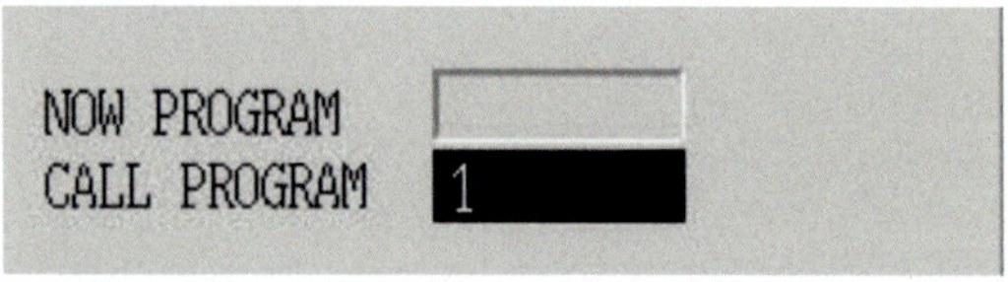 *Bild 85: Neuer Programmname* |
| Wenn Sie jetzt auf dem Bedienpult (nicht auf der PC-Tastatur!) die Taste ENTER betätigen, wird das Programm pg1() angelegt und aktiviert. | 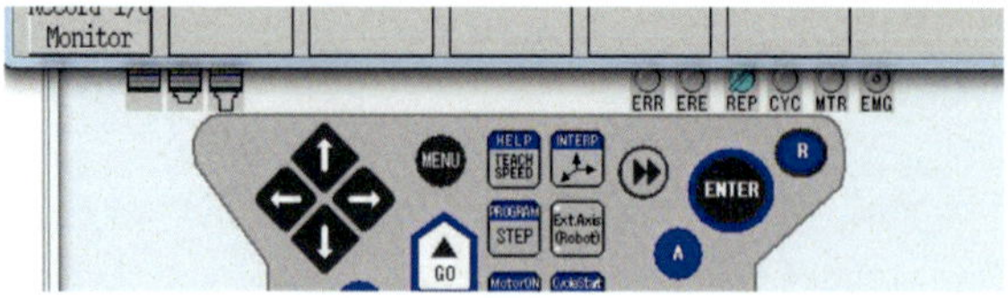 *Bild 86: ENTER auf dem Bedienpult* |
| Schließlich schalten Sie vom „Repeat“-Mode auf den „Teach“-Mode um und den Motor ein. | 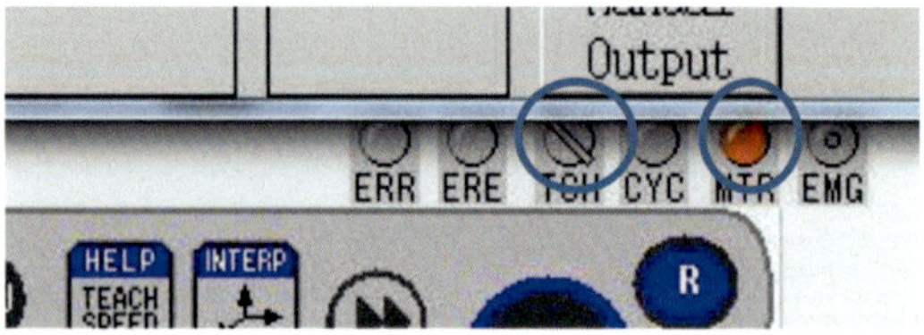 *Bild 87: Teach-Mode* |

Damit die Geduld nicht allzu sehr auf die Probe gestellt wird, empfiehlt es sich, die Teach-Geschwindigkeit zu erhöhen. Sie klicken dafür auf den grünen Balken, der die Teachgeschwindigkeit anzeigt. Mit jedem Klick wechseln Sie eine Geschwindigkeitsstufe weiter.

**Hinweis:** Abhängig von der Leistungsfähigkeit des benutzten PCs führt eine zu hohe Geschwindigkeit möglicherweise zu einer Fehlermeldung. Resetten Sie den Fehler, reduzieren Sie die Geschwindigkeit um eine Stufe und testen Sie weiter.

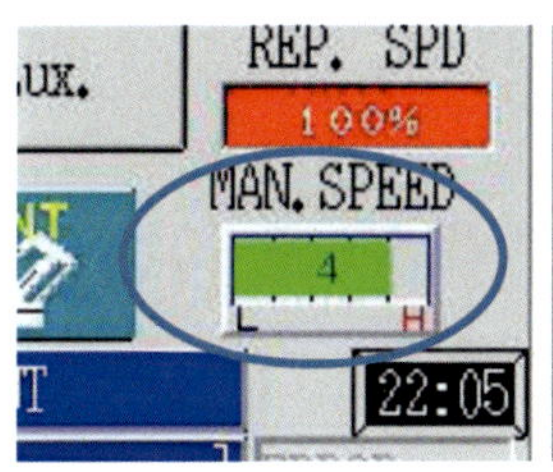


*Bild 88: Teach-Geschwindigkeit*

Jetzt können Sie mit den –/+-Tastern des Bedienpults die 6 Achsen des Roboters bewegen. Der Roboter in der Simulation folgt Ihren Anweisungen (er wird „animiert").

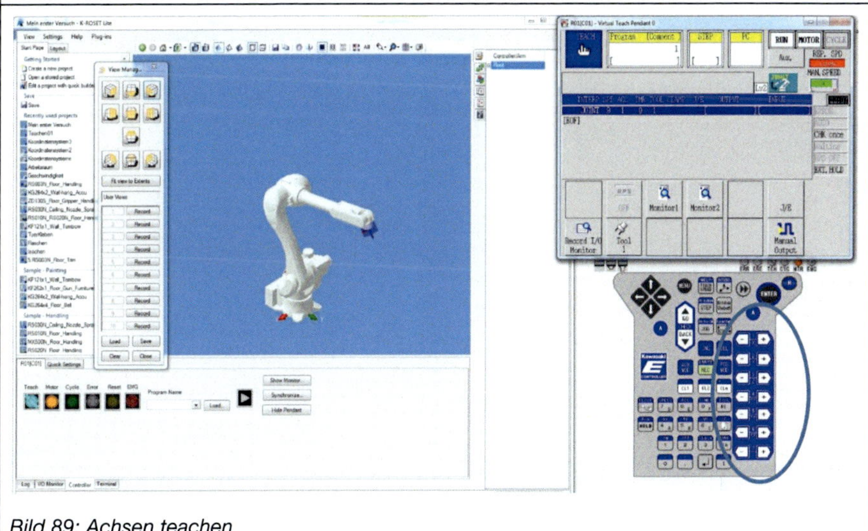

*Bild 89: Achsen teachen*

<table>
<tr>
<td>Jede Position kann gespeichert oder „RECordet“ werden. Dazu betätigen Sie die REC-Taste auf dem Tastaturfeld.</td>
<td>
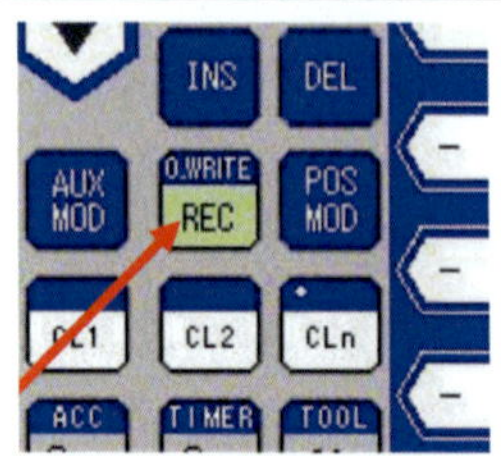

Bild 90: RECord
</td>
</tr>
<tr>
<td>Mit jedem REC wird im Touch-Bereich des Bedienpults eine weitere Programmzeile eingefügt, ein „Block“ mit Informationen über die gewählte „Pose“ sowie die „AUX“-Anweisungen über Geschwindigkeit, Genauigkeit, Greifer usw.</td>
<td>
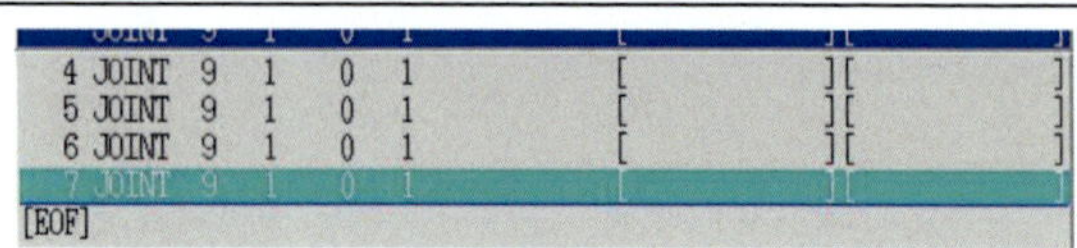

Bild 91: Geteachte Programmzeilen
</td>
</tr>
<tr>
<td>Haben Sie für Ihr Projekt die gewünschten Programmzeilen geteacht, können Sie den Roboter umschalten in den automatischen Wiederholungszyklus (REPeat). Dazu schalten Sie den Schalter von TCH auf REP und anschließend wieder den Motor (MTR) an. Schließlich können Sie den Zyklus mit CYC starten.</td>
<td>
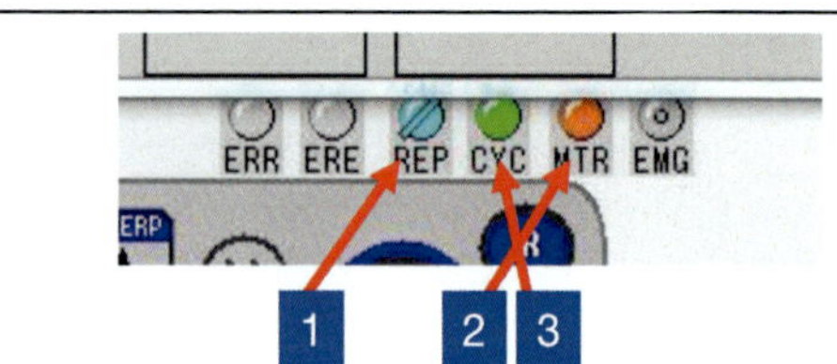

Bild 92: REPeat-Mode
</td>
</tr>
</table>

<table>
<tr>
<td>Die Geschwindigkeit der Bewegung des Roboterarms können Sie verstellen, indem Sie auf den roten Geschwindigkeitsbalken klicken und die Geschwindigkeit in 10 %-Schritten anpassen.</td>
<td>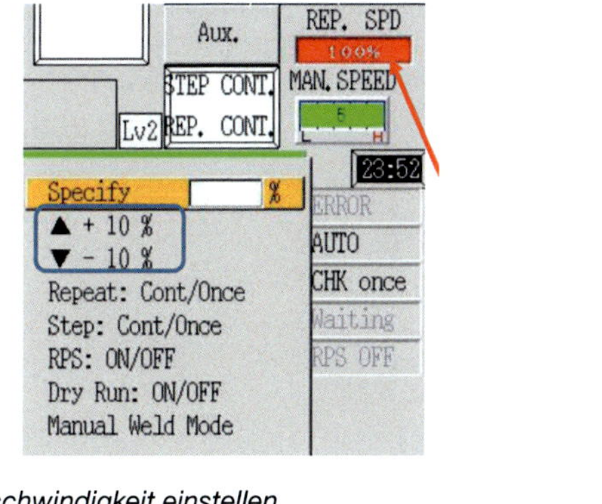


*Bild 93: Geschwindigkeit einstellen*</td>
</tr>
<tr>
<td colspan="2">Beenden können Sie die Roboterbewegung jederzeit, indem Sie den Schalter von REP auf TCH zurückschalten.</td>
</tr>
</table>

**Speichern des Projektes**

Möchten Sie Ihre Arbeit speichern, ist es sehr wichtig, das Konzept der Simulationssoftware zu verstehen.

Die Roboterzelle wird gespeichert, indem im Navigationsfenster der Zelle das Kontextmenü des Projekts genutzt wird: Rechter Mausklick auf den Projektnamen → Project → Overwrite.

Das Roboterprogramm, das mit dem Bedienpult geteacht wurde und beim realen Roboter in der Robotersteuerung gespeichert ist, muss aus der Robotersteuerung in den PC „geholt“ werden. Da die Robotersteuerung mit K-ROSET nur simuliert wird, sind die Daten der Robotersteuerung nur im Arbeitsspeicher des PCs. Sobald also K-ROSET beendet wird, ist das geteachte Programm verloren, wenn es nicht vorher auf den PC übertragen wurde.

Dafür muss eine Verbindung zwischen PC und Robotersteuerung hergestellt werden. Mit dem realen Roboter wird per Netzwerkverbindung im PC ein Terminal-Programm aufgerufen. In K-ROSET wird daher der Reiter „Terminal“ im Steuerungsfenster von K-ROSET aktiviert.

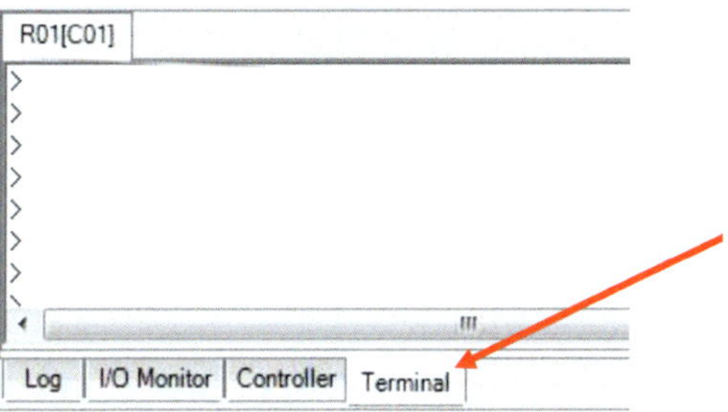


*Bild 94: Terminal-Fenster*

Dann wird der Cursor ins Terminal-Fenster platziert und mit einem Enter auf der PC-Tastatur die Verbindung zur Robotersteuerung aktiviert. Die geöffnete Verbindung wird durch das „>"-Zeichen am Zeilenbeginn angezeigt.

Mit dem Befehl SAVE können die Daten der Robotersteuerung gesichert werden. Mit

```
Save MeinerstesProgramm
```

werden alle Daten der Robotersteuerung in der Datei MeinerstesProgramm.as gespeichert.

```
>save MeinerstesProgramm
Saving...(MeinerstesProgramm.as
Network Configuration data
Network Configuration data
ROBOT DATA
OPERATION INFORMATION DATA
SYSTEM DATA
AUX DATA
INTERFACE PANEL DATA
INTERFACE PANEL PAGE TITLE
INTERFACE PANEL COLOR DATA
SIGNAL_NAME
Program pg1
File save completed.
>
```

Mit

```
Save/p NurdasProgramm
```

wird die Datei NurdasProgramm.pg erzeugt, das lediglich das geteachte Programm enthält.

```
>
>save/p NurdasProgramm
Saving...(NurdasProgramm.pg)
Network Configuration data
Network Configuration data
Program pg1
File save completed.
>|
```

Diese Daten werden automatisch im Programm-Verzeichnis des Roboters im Projekt-Verzeichnis des Roboterprojektes gespeichert. Um einen direkten Zugriff auf diese Dateien zu haben, kann das Verzeichnis mit dem Button „Open Current Folder" geöffnet werden:

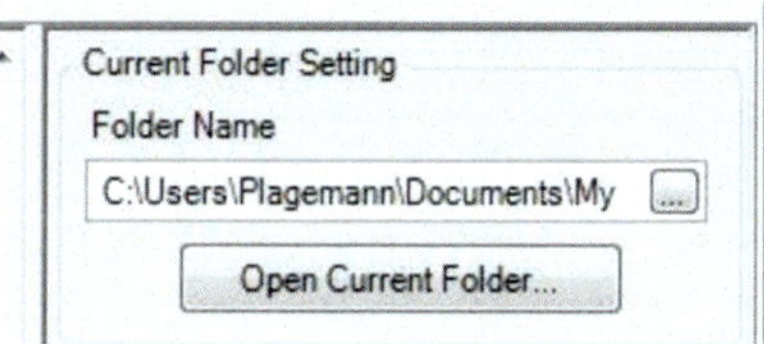


*Bild 95: Open Current Folder*

▸ Benutzer ▸ Plagemann ▸ Eigene Dokumente ▸ MyKHIlibraries ▸ Projects ▸ Mein erster Versuch ▸ R01[C01] ▸ PG

men ▾ Freigeben für ▾ Brennen Neuer Ordner

| Name | Änderungsdatum | Typ | Größe |
|---|---|---|---|
| MeinerstesProgramm.as | 20.02.2016 16:20 | AS-Datei | 142 KB |
| NurdasProgramm.pg | 20.02.2016 16:23 | PG-Datei | 2 KB |

*Bild 96: Current Folder*

### Ein gespeichertes Programm wieder laden

Ebenso wie beim Speichern ist auch beim Wiederaufrufen eines Programms zu beachten, dass Roboterzelle und Roboterprogramm getrennt zu betrachten sind.

Ein vorhandenes Projekt können Sie wie unter Windows gewohnt im Projektnavigator von K-ROSET öffnen. Sie rufen entweder ein Projekt aus der Liste der „Recently used projects“ auf oder starten die Suche nach dem Projekt über „Open a stored project“.

Damit wird die Roboterzelle in der zuletzt gespeicherten Form wieder geladen, nicht aber das Programm der Robotersteuerung. Um ein Roboter-Programm wieder in die Robotersteuerung zu laden, muss wie beim Speichern eine Verbindung zwischen PC und Robotersteuerung hergestellt werden – das Terminal-Fenster wird geöffnet.

Dort kann mit

```
LOAD NurdasProgramm.pg
```

das oben beschriebene Programm in den Speicher der Robotersteuerung geladen werden.

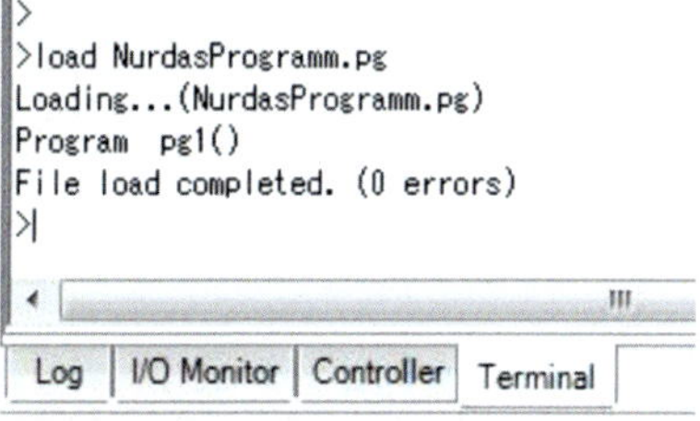


*Bild 97: Load*

### Hinweise zum Speichern und Laden

Beachten Sie beim Speichern und Laden bitte:

- K-ROSET speichert grundsätzlich in das Programm-Verzeichnis des Roboters und lädt grundsätzlich aus diesem Verzeichnis. Diese Vorgabe ist nicht änderbar. Es gibt keine Suchen-Funktion.
- Sie finden das Programm-Verzeichnis Ihres Projektes sehr einfach, indem Sie den Button „Open Current Folder" anklicken. K-ROSET öffnet den Windows Explorer mit dem aktuellen Programm-Verzeichnis.
- Wenn Sie alle Daten der Robotersteuerung speichern (save <Name>), dann schreibt K-ROSET diese Daten in eine AS-Datei, also eine Datei mit der Dateinamenserweiterung „as". Wenn Sie nur die Anwenderprogramme speichern, dann schreibt K-ROSET diese Daten in eine PG-Datei, also eine Datei mit der Dateinamenserweiterung „pg". Windows weist auf die Dateinamenserweiterung in der Spalte TYP hin:

| Name | Änderungsdatum | Typ | Größe |
|---|---|---|---|
| home | 05.01.2015 15:56 | AS-Datei | 1 KB |
| text01 | 21.03.2016 17:48 | AS-Datei | 1 KB |
| text01 | 21.03.2016 17:48 | Textdokument | 1 KB |
| text01_plm | 22.03.2016 06:37 | AS-Datei | 1 KB |

*Bild 98: Dateityp*

- Wenn Sie Daten in die Robotersteuerung laden, dann sucht K-ROSET normalerweise nach einer AS-Datei. Nur wenn Sie die Dateinamenserweiterung explizit angeben, dann kann jede andere Erweiterung auch genutzt werden (z. B. txt für Text-Dateien, pg für Programmdateien).
- Wenn Sie alle Daten der Robotersteuerung gespeichert haben und wieder laden, werden Sie mehrfach gefragt, ob Sie die Daten wirklich laden wollen. In der Simulation können Sie alle Fragen bestätigen. Nur wenn ein realer Roboter gemeint ist, dann dürfen nur geeignete Daten geladen werden.

### Die Bewegungen sichtbar machen

Im Gegensatz zum realen Roboter eröffnet die Robotersimulation die Möglichkeit, die Bewegung des Roboters sichtbar zu machen. K-ROSET erlaubt es, die „TrackLine" anzuzeigen, das ist der Weg des Tool-Center-Points.

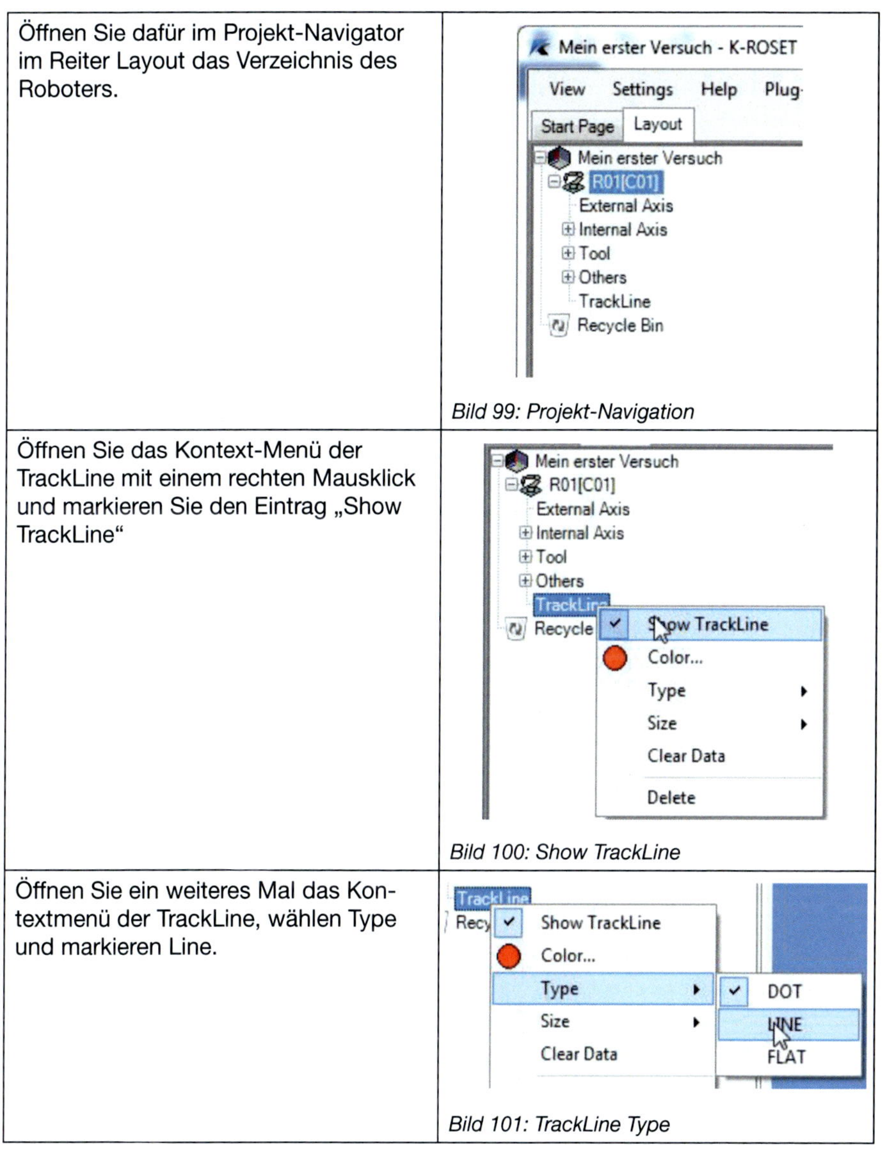


| | |
|---|---|
| Öffnen Sie dafür im Projekt-Navigator im Reiter Layout das Verzeichnis des Roboters. | *Bild 99: Projekt-Navigation* |
| Öffnen Sie das Kontext-Menü der TrackLine mit einem rechten Mausklick und markieren Sie den Eintrag „Show TrackLine“ | *Bild 100: Show TrackLine* |
| Öffnen Sie ein weiteres Mal das Kontextmenü der TrackLine, wählen Type und markieren Line. | *Bild 101: TrackLine Type* |

| | |
|---|---|
| Jetzt wird die TrackLine angezeigt. | 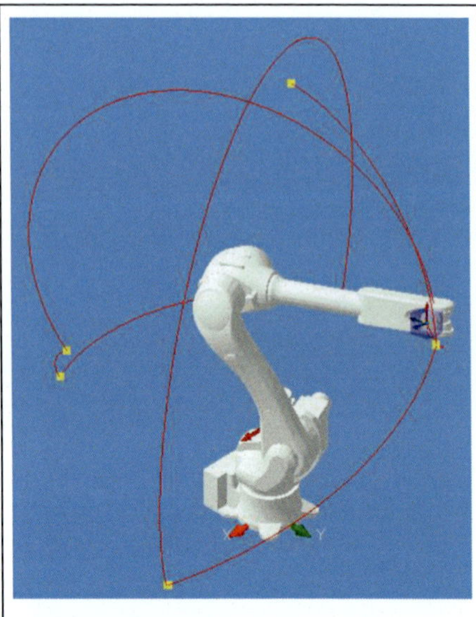 *Bild 102: TrackLine und Punkte* |
| Die gelben Punkte markieren die geteachten Punkte. Sie können im Kontextmenü des Eintrags „TeachPointSection“ sichtbar bzw. unsichtbar gemacht werden. | 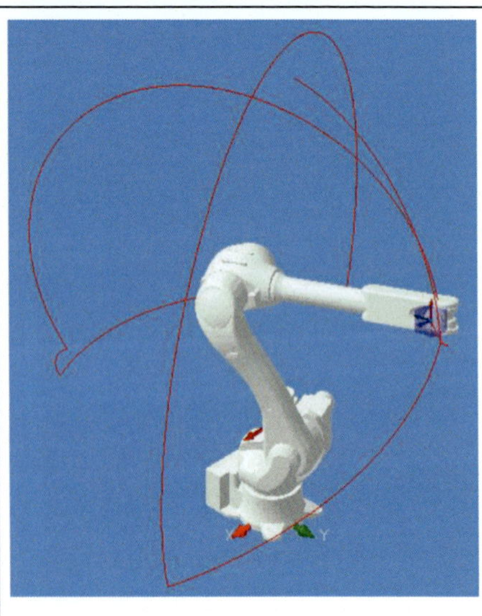 *Bild 103: TrackLine ohne Punkte* |

Wenn die Roboter-Bewegung schneller als die Grafikdarstellung des PCs ist, wird die TrackLine mit zunehmender Zahl der Bewegungszyklen mehr zum Balken als zur Linie.

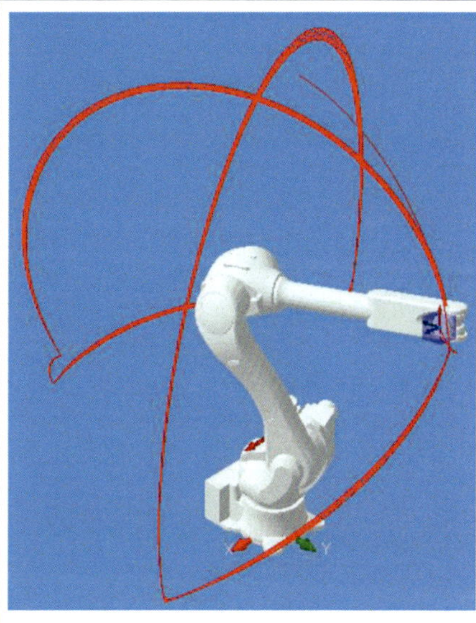

*Bild 104: TrackLine bei schneller Bewegung*

Die TrackLine ebenso wie die Teach-Points können jederzeit im Kontextmenü gelöscht werden.

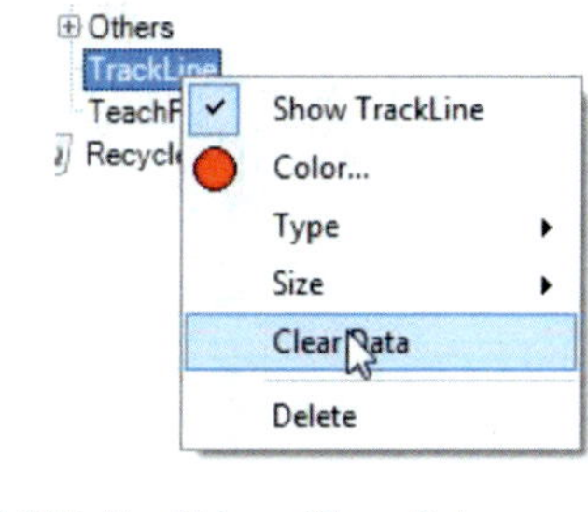


*Bild 105: TrackLine – Clear Data*

## Die Bewegungsart während des Teachens ändern

| | |
|---|---|
| Soll beim Teachen nicht jede Achse einzeln betrachtet werden, sondern der TCP entlang der Achsen des Koordinatensystems geführt werden, dann kann zwischen den Bewegungsarten JOINT, BASE und TOOL umgeschaltet werden. | 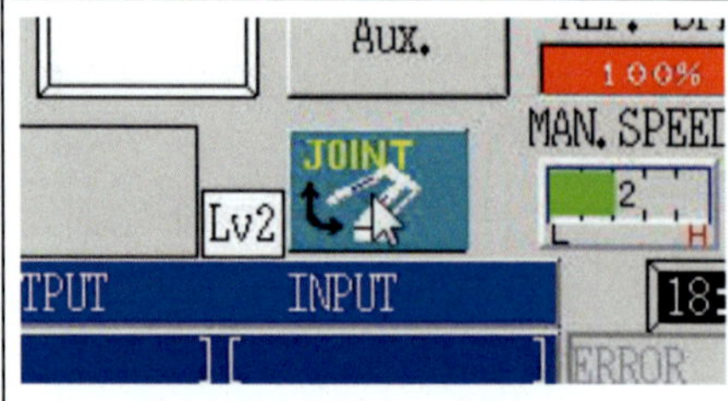<br>*Bild 106: Bewegungsart verstellen* |
| Im JOINT-Modus wird jede Achse einzeln geteacht, im BASE-Modus wird der TCP entlang des Basis-Koordinatensystems geführt, im TOOL-Modus wird der TCP entlang des Werkzeug-Koordinatensystems geführt. | 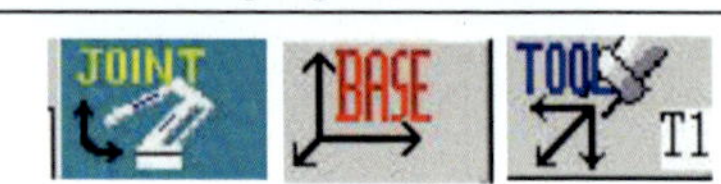<br>*Bild 107: Bewegungsarten* |
| Wird im BASE- oder TOOL-Modus geteacht, sind auf dem Bedienpult nicht mehr die Achsnummern von Bedeutung sondern die Koordinatenangaben.<br>Die Tasten für Achsen 1, 2 und 3 bewegen nun in Richtung der Koordinaten X, Y und Z.<br>Die Tasten für die Achsen 4, 5 und 6 bewirken nun eine Drehung um die jeweilige Koordinate, z. B. rx meint eine Drehung um die X-Achse des Koordinatensystems. | 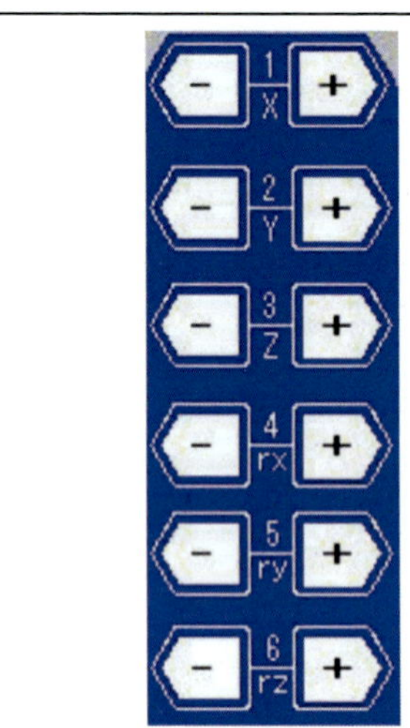<br>*Bild 108: Achsen oder Koordinaten* |

## Die Position des TCP sichtbar machen

| | |
|---|---|
| Soll auf dem Bedienpult angezeigt werden, „wo“ genau der TCP des Roboters sich gerade befindet, dann kann der „Axis Data Monitor“ zugeschaltet werden. Dafür wird Monitor 1 aktiviert und dort der Axis Data Monitor ausgewählt. | 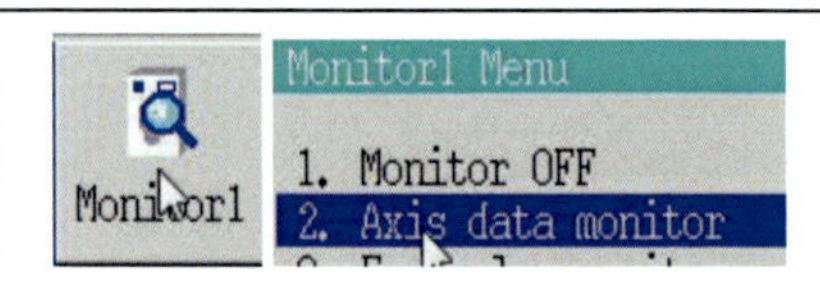<br>*Bild 109: Positionsdaten anzeigen* |

Damit sind die Winkelangaben zu jeder Achse sowie die Position des TCP relativ zum Basis-Koordinatensystem sichtbar.

Monitor1 :Axis data monitor

| | | | |
|---|---|---|---|
| JT 1 : | 0.000 | X : | 0.000 |
| JT 2 : | 0.000 | Y : | 120.000 |
| JT 3 : | 0.000 | Z : | 580.000 |
| JT 4 : | 0.000 | O : | 0.000 |
| JT 5 : | 0.000 | A : | 0.000 |
| JT 6 : | 0.000 | T : | 0.000 |

*Bild 110: Axis Data Monitor*

**Die Bewegungsart der gespeicherten Bewegung einstellen**

Die „INTERP“, Interpolation, also die Anweisung an den Rechner, wie ein Bewegungsbefehl zu verarbeiten ist, ist eine der möglichen Zusatz- oder Hilfsanweisungen beim Teachen. Um den neu einzugebenden Befehl als „LINEAR“-Bewegung einzugeben, ändern Sie mit Hilfe der „INTERP“-Taste die Eigenschaft des Befehls.

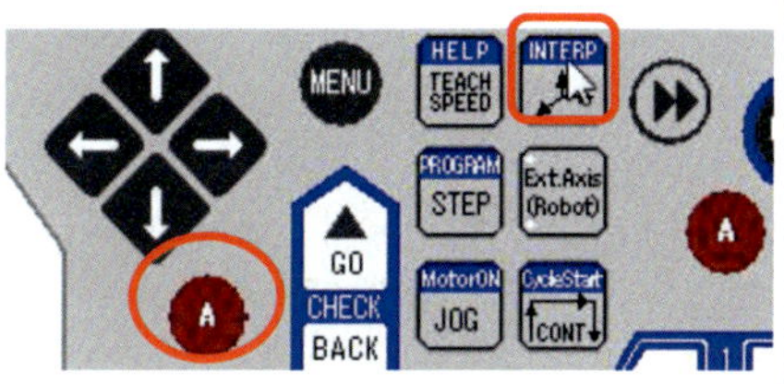


*Bild 111: Bewegungsart ändern*

Aktivieren Sie mit A die Umschaltung, betätigen Sie INTERP so oft, bis die von Ihnen gewünschte Bewegungsart angezeigt wird.

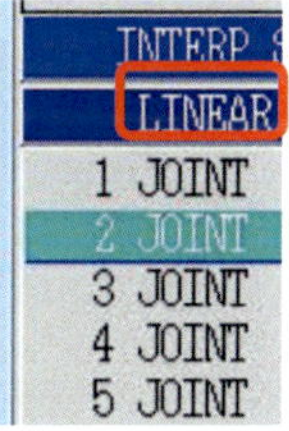


*Bild 112: Joint – Linear beim Teachen*

**Die Genauigkeit der Bewegung einstellen**

Die Genauigkeit, mit der ein programmierter Punkt erreicht werden soll, wird mit der „Accuracy“ eingegeben. Für die Blockprogrammierung (Teachen) sind 4 verschiedene Stufen einstellbar. Diesen Stufen 1 bis 4 sind standardmäßig die Werte 1, 10, 50 und 100 mm zugeordnet.

| | | |
|---|---|---|
| Accuracy 0 | 1.0 mm | (for positioning) |
| Accuracy 1 | 1.0 mm | |
| Accuracy 2 | 10.0 mm | |
| Accuracy 3 | 50.0 mm | |
| Accuracy 4 | 100.0 mm | |

*Bild 113: Accuracy beim Teachen*

| | |
|---|---|
| Die Einstellung wird geändert, indem die Taste ACC (in Kombination mit der Umschalttaste A) aufgerufen wird. | <br>*Bild 114: Accuracy ändern* |
| Im sich öffnenden Fenster kann die Angabe der Stufe eingegeben werden (nachdem die Umschalttaste A wieder ausgeschaltet wurde!).<br><br>Nun kann entweder eine bestehende Programmzeile geändert werden und/ oder alle neu geteachten Zeilen werden mit dieser Accuracy gespeichert. | 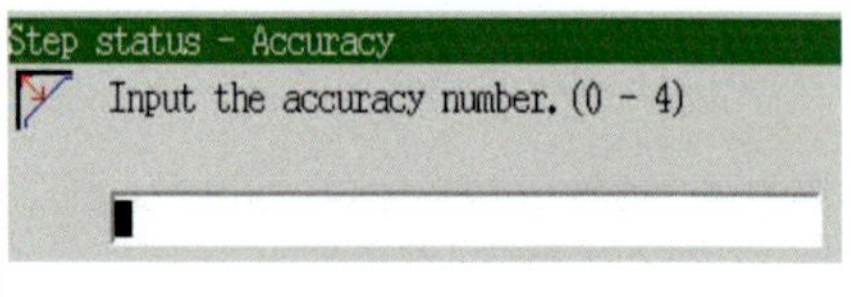<br>*Bild 115: Accuracy auswählen* |

**Eine geteachte Programmzeile ändern**

Mit dem Bedienpult können Programmzeilen eines geteachten Programms gelöscht, eingefügt und geändert werden. Beim Ändern wird unterschieden zwischen den Positionsdaten und den Hilfsanweisungen.

| | |
|---|---|
| In jedem Fall muss die gewünschte Programmzeile zuerst angewählt werden. Dafür klicken Sie in das Fenster STEP am oberen Rand des Bedienpults. | 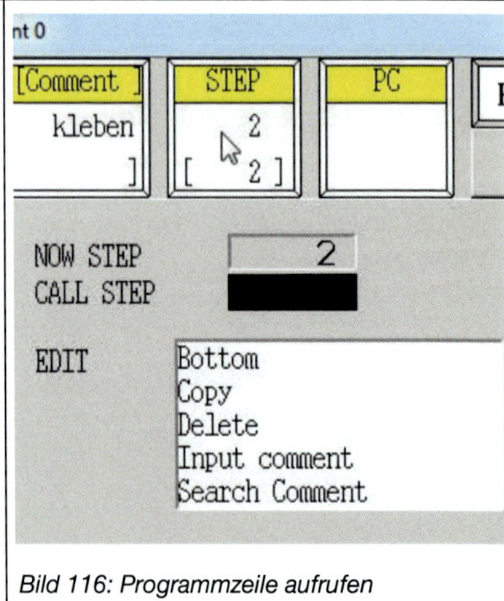<br>*Bild 116: Programmzeile aufrufen* |

In dem dadurch geöffneten Fenster sehen Sie oben den zurzeit markierten Schritt (hier: Schritt 2) und darunter das schwarze Feld „Call Step“. Mit den Ziffern des Bedienpultes wählen Sie den gwünschten Schritt aus und betätigen (auf dem Bedienpult!) Enter. Die Markierung springt auf den gewünschten Schritt.

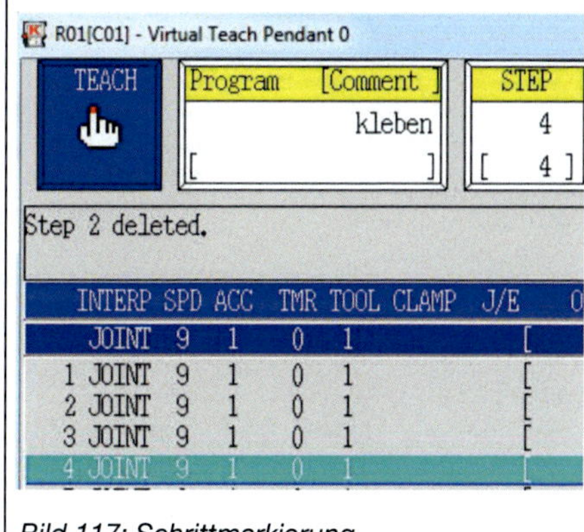


*Bild 117: Schrittmarkierung*

Nahezu alle Tasten, die nun für Veränderungen im Programm benutzt werden, liegen auf der zweiten Ebene der Bedientastatur. Diese Ebene ist blau hinterlegt. Sie wird aufgerufen, indem die blaue A-Taste betätigt wird. Diese Betätigung ist in der Simulation immer speichernd. Durch Betätigen mit der Maus schalten Sie also dauerhaft um, bis Sie die Taste erneut mit der Maus anklicken. Solange die Umschalttaste umgeschaltet ist, erscheint sie rot.

Soll eine Programmzeile **gelöscht** werden, muss die Zeile angewählt werden, die A-Taste umgeschaltet werden, anschließend die DEL-Taste betätigt werden.

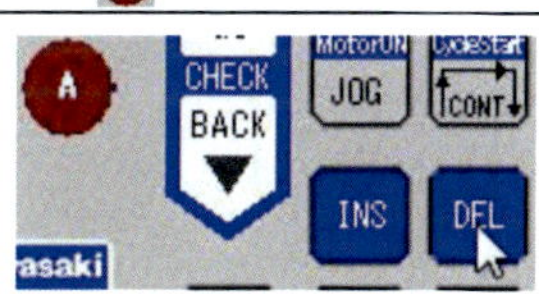


*Bild 118: Programmzeile löschen*

Nach einem Klick auf YES ist die Zeile gelöscht – und die A-Taste muss wieder zurückgestellt werden.

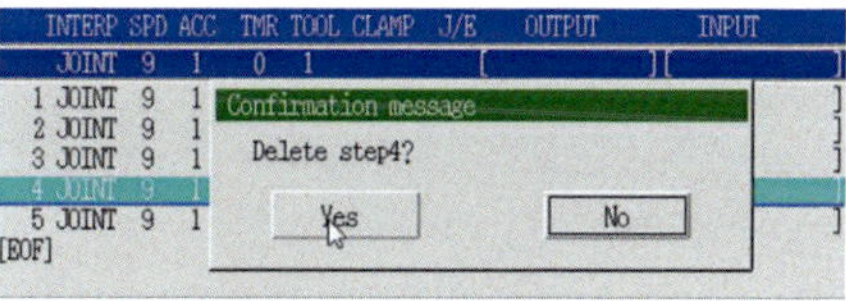


*Bild 119: Löschen Ja/Nein*

Soll eine Programmzeile **eingefügt** werden, dann muss die Zeile angewählt werden, **vor** der die neue eingefügt werden soll. Dann die A-Taste umschalten und INS betätigen.

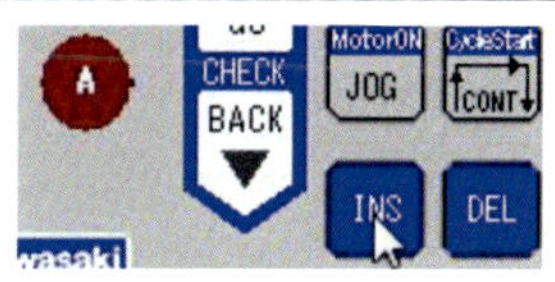


*Bild 120: Zeile einfügen*

Soll die **Position** der jeweiligen Programmzeile geändert werden, muss die neue Position zuerst geteacht werden. Anschließend wird die A-Taste umgeschaltet und die Taste POS MOD betätigt.

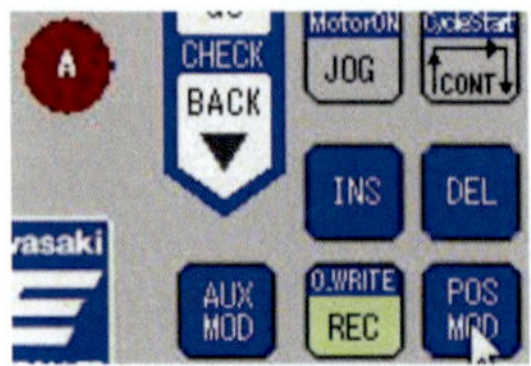


*Bild 121: Position ändern*

Sollen die **Hilfsdaten** (AUX DATA) zu einer Position geändert werden (z. B. Interpolation, Greifer, Geschwindigkeit, Genauigkeit usw.), dann muss die neue gewünschte Einstellung vorgenommen werden, anschließend wird die A-Taste umgeschaltet und die Taste AUX MOD betätigt.

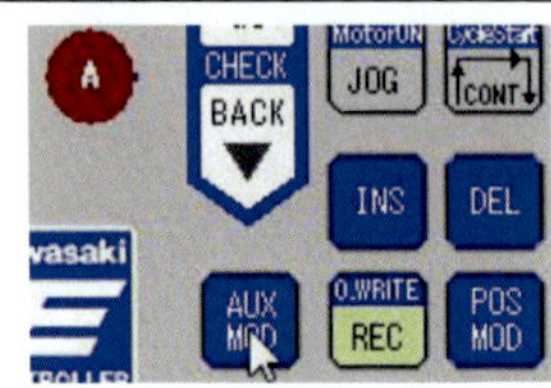


*Bild 122: Hilfsdaten ändern*

**HOME**

Beim Erstellen einer neuen leeren Roboterzelle sieht die Z-Achse des TCPs senkrecht nach oben. Dass die Grundstellung einer Anwendung so gewählt wird, ist sehr unwahrscheinlich. Sinnvoller ist es, eine Grundstellung zu wählen, die den TCP anwendungsspezifisch sinnvoll ausrichtet und dem Roboter maximale Bewegungsfreiheit lässt.

In diesem Crashkurs wird daher regelmäßig von einer spezifischen HOME-Pose ausgegangen.

Die Angabe der HOME-Pose kann auf unterschiedliche Arten erfolgen. Hier werden zwei Methoden vorgestellt.

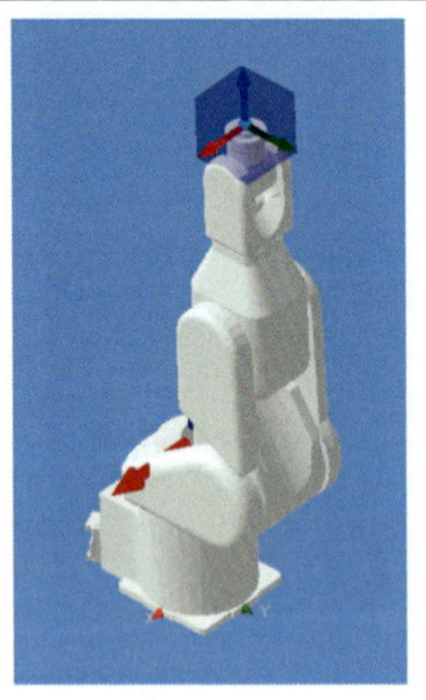

*Bild 123: HOME-Pose, wenn alle Achsen auf 0° stehen*

Die HOME-Pose kann erstens mit dem Bedienpult eingegeben werden. Dazu wird mithilfe der Menü-Taste das Menü des TouchScreens aufgerufen.

*Bild 124: Menü auf dem Bedienpult*

| | |
|---|---|
| Im Menü werden die AUX-Functions (Hilfsfunktionen) aufgerufen. | 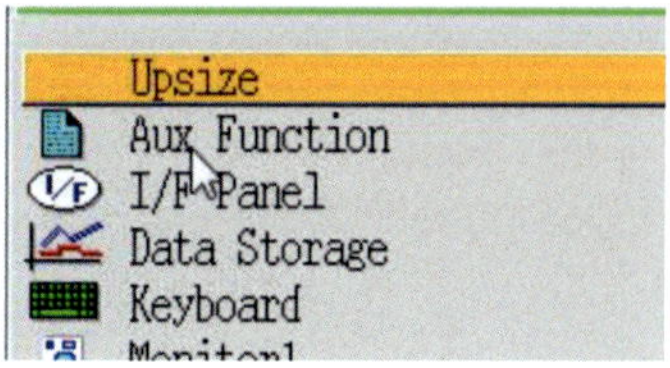 *Bild 125: Aux Function* |
| Unter den AUX-Functions werden die „Basic Settings“ ausgewählt. | 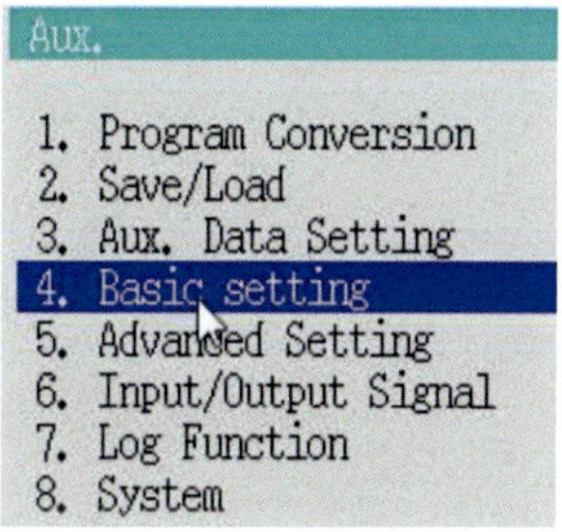 *Bild 126: Basic setting* |
| Unter den Basic Settings wird schließlich die Home-Position aufgerufen. | 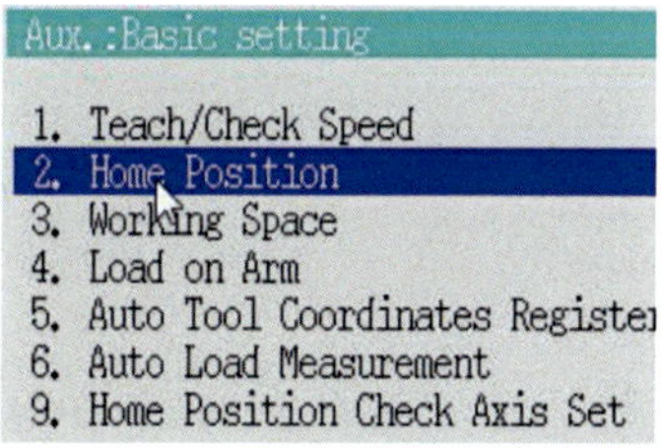 *Bild 127: Home-Position* |
| Neben der Möglichkeit, eine zuvor geteachte Position als Home-Position einzutragen („Curr. Pose“) kann die HOME-Pose mit Hilfe des Bedienpultes in Grad-Angaben zu jeder Achse angegeben werden („Key Entry“).<br>Hierbei ist aber zu beachten, dass mit „Key“ die Tasten des Bedienpultes gemeint sind, nicht die Tastatur des PCs. | 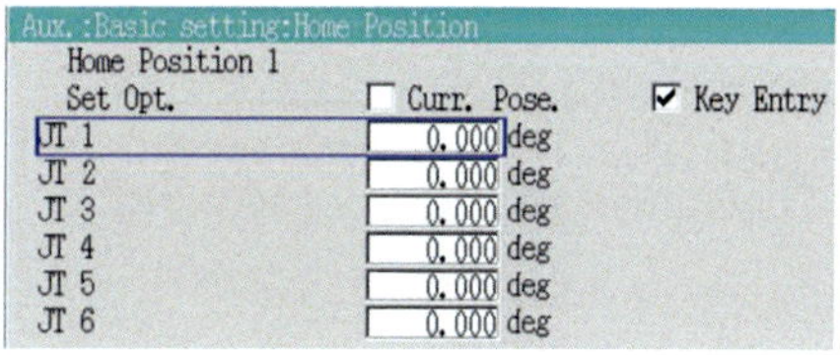 *Bild 128: Home-Position eingeben* |

| | |
|---|---|
| Als HOME-Pose für diesen Crashkurs soll der TCP unseres Roboters senkrecht nach unten sehen (die Z-Achse des Werkzeug-Koordinatensystems zeigt dann genau entgegengesetzt der Z-Achse des Basis-Koordinatensystems) und in Y-Richtung vor dem Roboter positioniert werden. | 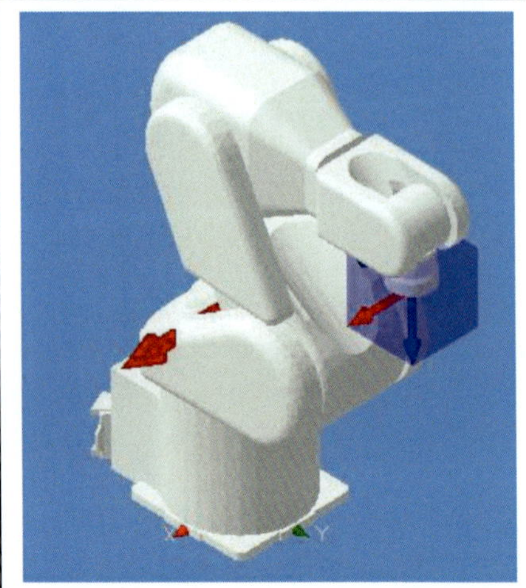<br>*Bild 129: Roboter in HOME-Pose* |
| Dafür müssen 3 der 6 Achsen verändert werden. | JT 1 0.000 deg<br>JT 2 -25.000 deg<br>JT 3 -115.000 deg<br>JT 4 0.000 deg<br>JT 5 -90.000 deg<br>JT 6 0.000 deg<br>*Bild 130: Achseneinstellungen für HOME* |
| Die Eingabe der Daten soll beispielhaft an den „–25°“ der Achse 2 gezeigt werden. Voraussetzung ist eine Roboterzelle mit Roboter. Wie oben beschrieben, wird mithilfe der Menü-Taste des Bedienpults die Eingabe der „AUX-Functions“ aufgerufen, dort die „Basic Settings“ und schließlich die „Home-Position“. | |
| Mit dem Mauscursor (Ersatz für den Finger) wird auf dem TouchScreen das Eingabefeld der Achse 2 angeklickt. | JT 1 0.000 deg<br>JT 2 0.000 deg<br>JT 3 0.000 deg<br>*Bild 131: Achse 2 aktivieren* |

Um nun mit dem Bedienfeld die Zahl „–25“ eingeben zu können, muss zuerst das Minus-Zeichen aufgerufen werden. Dies ist im Umschaltbereich der Punkt-Taste zu finden. Um also das Minus-Zeichen einzugeben, wird (1) mit der A-Taste umgeschaltet, (2) das Minus-Zeichen betätigt, und (3) die A-Taste wieder gelöst.

*Bild 132: Zeichen eingeben*

Anschließend kann mit den Standard-Zifferntasten die 25 eingegeben werden und mit der Return-Taste die Eingabe für diese Achse abgeschlossen werden.

Erst wenn die Angabe auf dem Home-Bildschirm von rot nach schwarz gewechselt ist (nach dem Betätigen der Return-Taste), ist die Eingabe in der Roboter-Steuerung gespeichert.

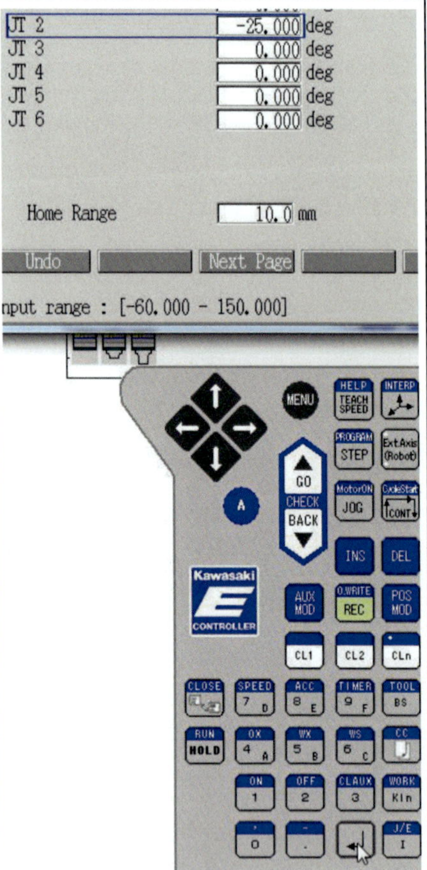


*Bild 133: Winkel eingeben*

Auf diese Art sind die Angaben für die 3 Achsen 2, 3 und 5 einzugeben. Anschließend kann mit der R-Taste oder mithilfe der Menü-Taste wieder zurück zum Teach-Bildschirm gewechselt werden.

Die Home-Position kann zweitens mit Hilfe einer **Datei** in die Robotersteuerung eingelesen werden. Die Datei HOME.AS muss dafür im Programm-Verzeichnis (Verzeichnis PG) des Roboters gespeichert sein.

Die Datei enthält die Achsdaten der beiden für diesen Robotertyp zulässigen HOME-Poses, also 1HOME und 2HOME. Dabei ist erkennbar, dass die Steuerung grundsätzlich bis zu 14 Achsen ansteuern kann. Die HOME-Poses beinhalten daher auch die Angaben zu den 14 möglichen Achsen.

Um die HOME-Pose aus dieser Datei in die Robotersteuerung einzulesen, muss die Datei HOME.AS im Programm-Verzeichnis des Projektes liegen. Im Terminal-Mode kann die Datei nun geladen werden mit

`load home.`

Die Steuerung bestätigt das Laden.

```
>load home
Loading...(home.as)
AUX DATA
File load completed. (0 errors)
>|
```

*Bild 134: Load Home*

**HOME in einem geteachten Programm nutzen**

Den Befehl HOME, also die Anweisung, dass der Roboter die Grundstellung einzunehmen habe, kann nicht „geteacht" werden sondern muss als Programmzeile in das geteachte Programm integriert werden. Damit ergibt sich eine Mischung aus Teach- und Textueller Programmierung. Um eine solche Zeile in das Teach-Programm einzufügen, wird die I-Taste auf dem Bedienpult genutzt.

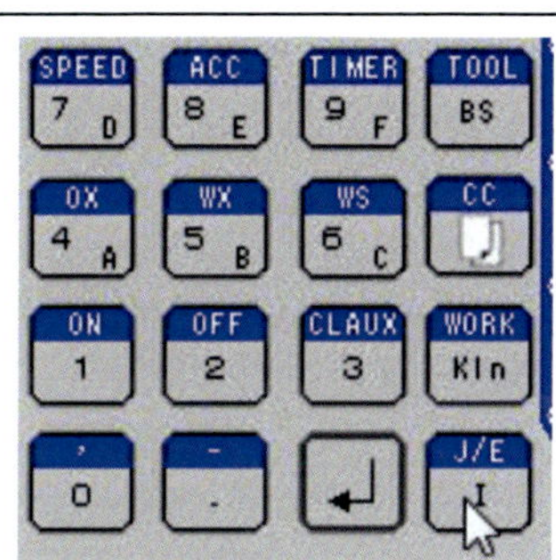


*Bild 135: AS-Zeile einfügen*

Aus dem Menü wird die AS-Programmierung (AS Language Teach) ausgewählt.

*Bild 136: AS Language Teach*

Mit den 9 Kacheln werden 9 Untermenüs mit allen AS-Programmbefehlen angeboten. HOME gehört zu den Bewegungs- (Motion)Befehlen, daher ist die Kachel „MOTION INS" anzuklicken.

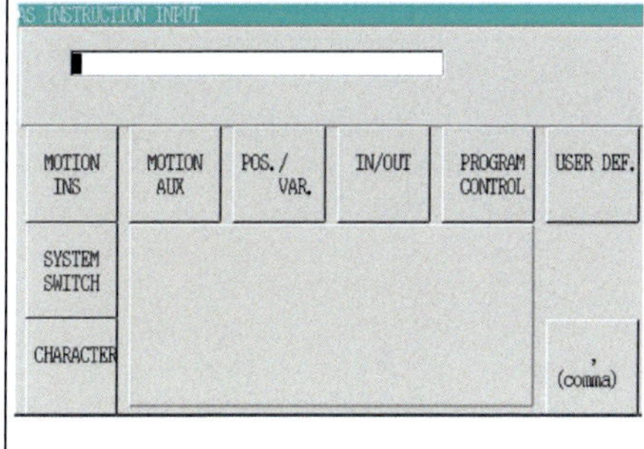


*Bild 137: Einteilung der AS-Befehle*

Um den Cursor auf die Zeile HOME zu bewegen, werden Cursortasten des Bedienpultes benutzt.

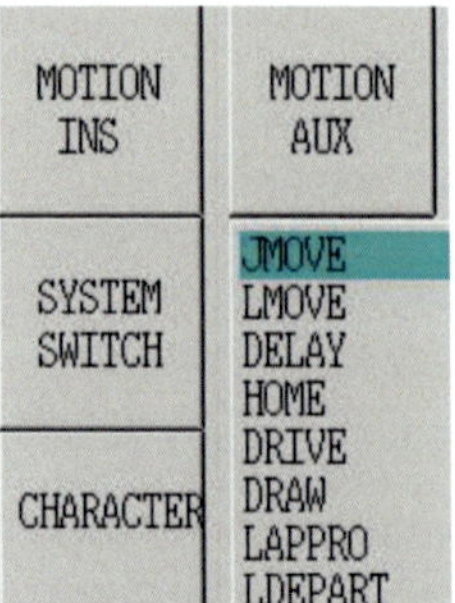


*Bild 138: HOME suchen*

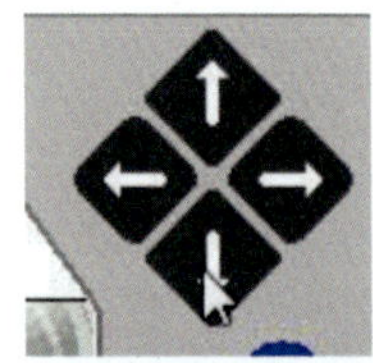

Ist HOME markiert, wird der Befehl durch zweimaliges Betätigen der ENTER-Taste in das Programm eingefügt.

*Bild 139: HOME eingefügt*

**Einen Greifer nutzen**

Greifen, Festhalten und Loslassen, Halten von Werkstücken, das sind alltägliche Aufgaben von Industrierobotern. Der Greifer selbst muss genau auf das zu greifende Werkstück angepasst sein. Der Flansch an Achse 6 des Roboters ist die universelle Schnittstelle für jede Art Greifer.

Da Greifen eine so häufige Anwendung ist, wird bei vielen Robotern der Einsatz pneumatischer Greifer vorbereitet: Das Ventil (oder die Ventile) sind im Roboter vormontiert, die Schläuche fertig verlegt und am Bedienpult können die Ventile direkt geschaltet werden. Auch mit K-ROSET können Greifer simuliert werden.

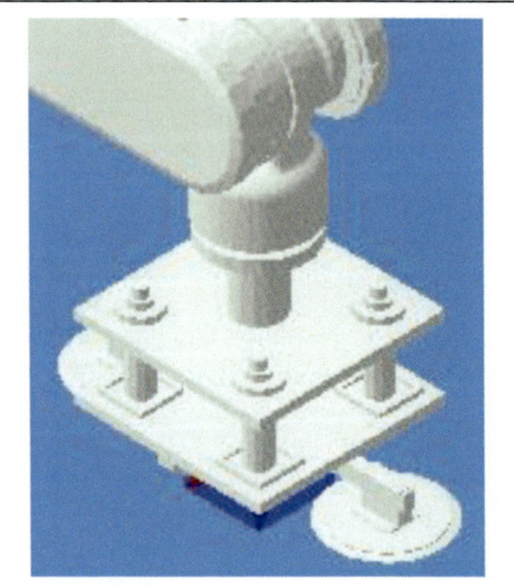

*Bild 140: Greifer*

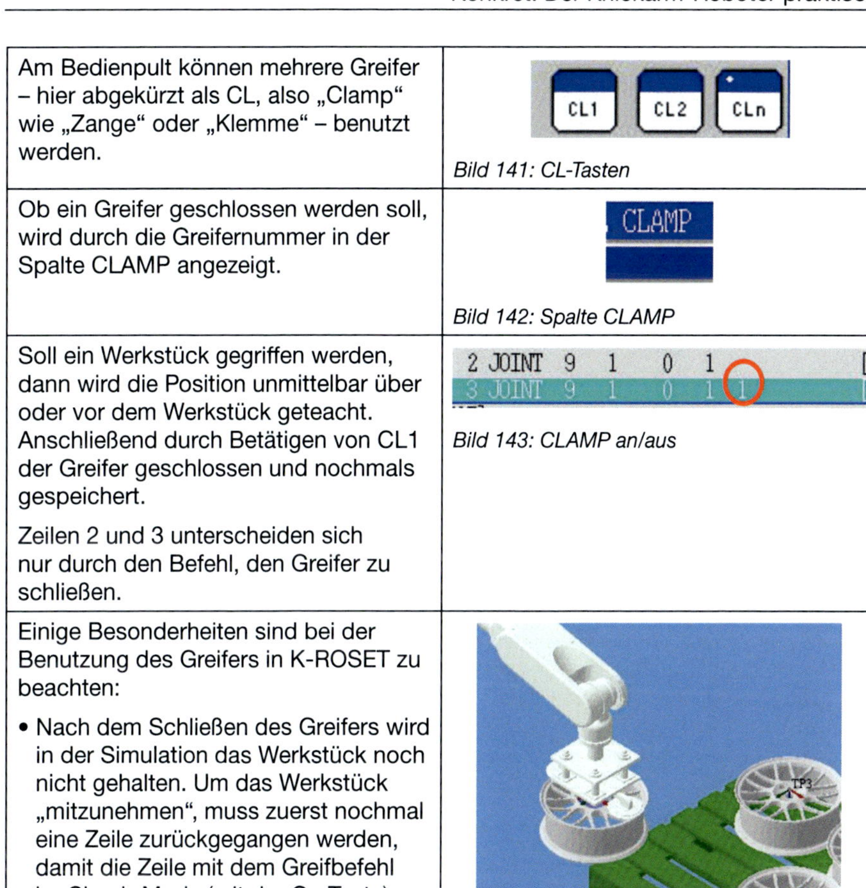

| | |
|---|---|
| Am Bedienpult können mehrere Greifer – hier abgekürzt als CL, also „Clamp“ wie „Zange“ oder „Klemme“ – benutzt werden. | CL1 CL2 CLn<br>*Bild 141: CL-Tasten* |
| Ob ein Greifer geschlossen werden soll, wird durch die Greifernummer in der Spalte CLAMP angezeigt. | CLAMP<br>*Bild 142: Spalte CLAMP* |
| Soll ein Werkstück gegriffen werden, dann wird die Position unmittelbar über oder vor dem Werkstück geteacht. Anschließend durch Betätigen von CL1 der Greifer geschlossen und nochmals gespeichert.<br>Zeilen 2 und 3 unterscheiden sich nur durch den Befehl, den Greifer zu schließen. | 2 JOINT 9 1 0 1<br>3 JOINT 9 1 0 1 1<br>*Bild 143: CLAMP an/aus* |
| Einige Besonderheiten sind bei der Benutzung des Greifers in K-ROSET zu beachten:<br>• Nach dem Schließen des Greifers wird in der Simulation das Werkstück noch nicht gehalten. Um das Werkstück „mitzunehmen“, muss zuerst nochmal eine Zeile zurückgegangen werden, damit die Zeile mit dem Greifbefehl im Check-Mode (mit der Go-Taste) bearbeitet wird. Danach erst „hängt“ das Werkstück am Greifer. | TP3<br>TP2<br>*Bild 144: Der Greifer hält das Werkstück* |

- Die Simulation simuliert den Greifer nur eingeschränkt. Es wird weder überwacht, ob Greifer und Werkstück zusammenpassen, noch ob der Greifer in der richtigen Position zum Greifen steht. Tatsächlich wird bei geschlossenem Greifer das nächstgelegene greifbare Objekt gegriffen.

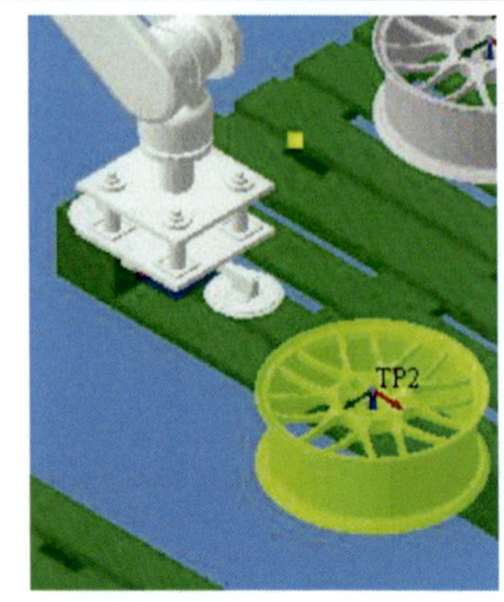


*Bild 145: Der Greifer greift das nächste Werkstück*

- In der Simulation werden Werkstücke transportiert. Sie werden wieder „zurückgelegt“, indem das Projekt ohne Speichern (!) neu aufgerufen wird. Aber Vorsicht: Alle Daten der Robotersteuerung (also das geteachte Programm!) gehen verloren. Diese müssen vorher mit SAVE gespeichert und nach dem Neustart des Projektes mit LOAD wieder eingelesen werden.

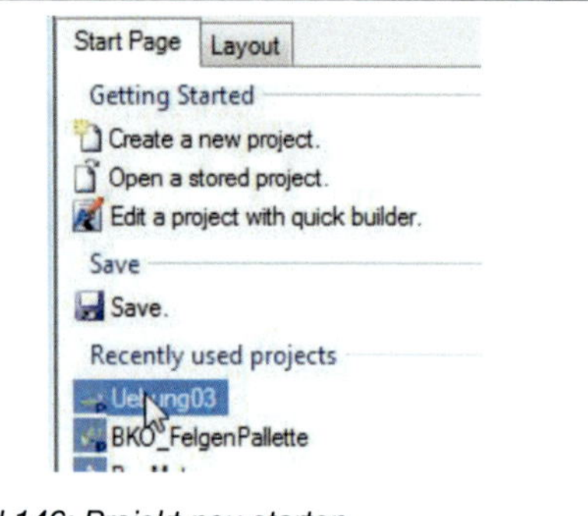


*Bild 146: Projekt neu starten*

**Das erste Textprogramm**

Neben den geteachten Zeilen eines Programms, wie sie bisher im Fenster des Bedienpultes zu sehen sind, kann der Roboter auch „Textuell“ programmiert werden, also indem ein Brief an den Roboter geschrieben wird. Allerdings muss die Robotersteuerung den Brief verstehen. Es ist also notwendig, die Sprache der Robotersteuerung zu kennen und zu schreiben. Kawasaki nennt die Sprache der Roboter die „AS-Sprache“. Die AS-Sprache ist – informationstechnisch betrachtet – eine den üblichen „Hochsprachen“ sehr ähnliche Sprache, also ähnlich etwa C, Delphi, Pascal oder SCL (der Hochsprache der SPS-Technik). Entscheidend sind aber die nur für den Roboter wesentlichen Sprachergänzungen. Insgesamt ist die AS-Sprache eine sehr einfache Programmiersprache, die Befehle der Roboterprogrammierung sind leicht verständlich (z. B. MOVE als Bewegungsanweisung oder CLOSE, um den Greifer zu schließen). Die allgemeinen Konzepte der Hochsprache sind auf ein Minimum reduziert. Daher: Keine Angst, der Brief an den Roboter ist schnell geschrieben!

Üblicherweise wird dafür Word, Libre Office o. Ä. benutzt. Solche Programme können aber viel mehr als einen Brief schreiben. Sie können Schriften verwalten, Bilder integrieren, Tabellen entwerfen und mehr. All das stört die Robotersteuerung nur. Der Brief an den Roboter darf nur Text und Zeilenumbrüche beinhalten. Nichts mehr. Grundsätzlich kann ein solcher Text auch mit den „großen" Textverarbeitungen geschrieben werden. Das kann aber mühsam sein, weil man immer wieder daran erinnert wird, dass es ja „eigentlich" viel mehr gibt beim Schreiben.

Daher empfiehlt es sich, einen reinen „Texteditor" zu benutzen. Am einfachsten ist die Nutzung des zu Windows gehörenden Texteditors EDITOR. Es gibt eine Vielzahl von auch gebührenfreien Texteditoren für das Programmieren. Je nach persönlichen Vorlieben kann es sinnvoll sein, von EDITOR umzusteigen z. B. auf NOTEPAD++, PSPAD oder anderen. Und, wer mag, es bleibt schließlich immer auch die „persönliche" Textverarbeitung.

Jetzt aber los: Öffnen Sie das Projekt DasErsteTextprogramm. Die Roboterzelle beinhaltet einen RS010L Roboter.

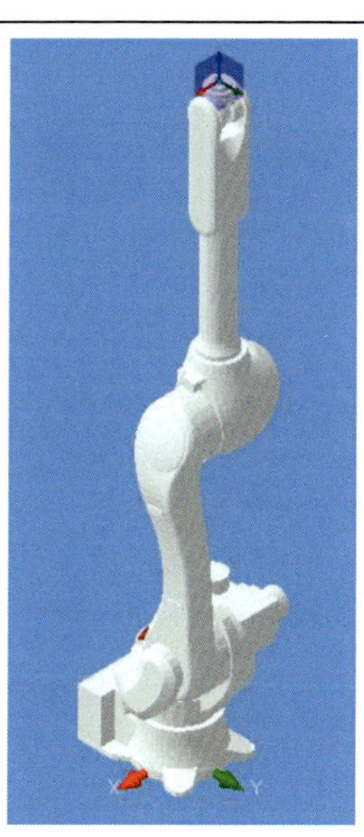

*Bild 147: RS010L*

Wechseln Sie in den Terminalmode und laden Sie die Datei text.as.

```
>load text
Loading...(text.as)
AUX DATA
Program  Crashkurs()
Transformation
File load completed. (0 errors)
>
```

*Bild 148: Lade text.as*

| | |
|---|---|
| Wechseln Sie zum Bedienpult, klicken in das Fenster Program und suchen Sie das Programm crashkurs. | 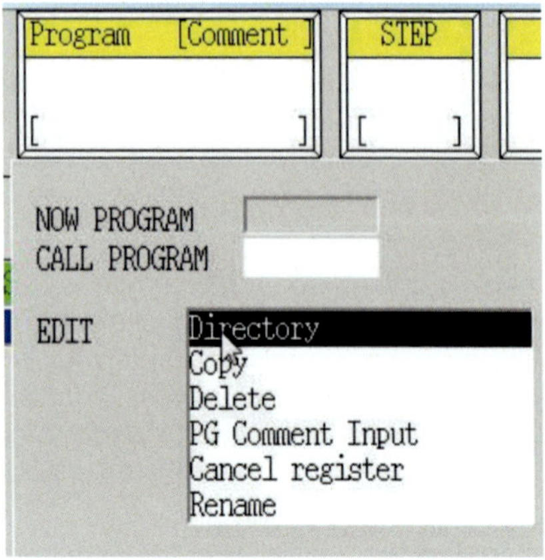 *Bild 149: Programm aufrufen* |
| Mit Doppelklick auf das Programm crashkurs laden Sie das Programm in den Arbeitsspeicher der Robotersteuerung. | 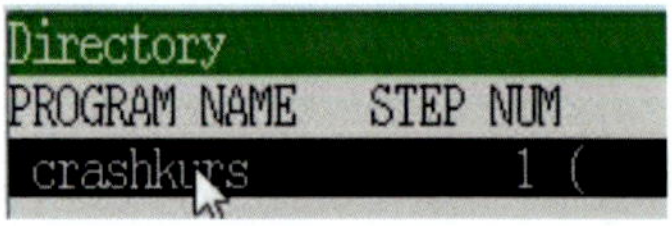 *Bild 150: Programmname* |
| Sie erkennen den Programmnamen im Fenster „PROGRAM“ und die eine Programmzeile<br>1 HOME<br>(Der Text nach dem Semikolon (;) ist Kommentar.) | 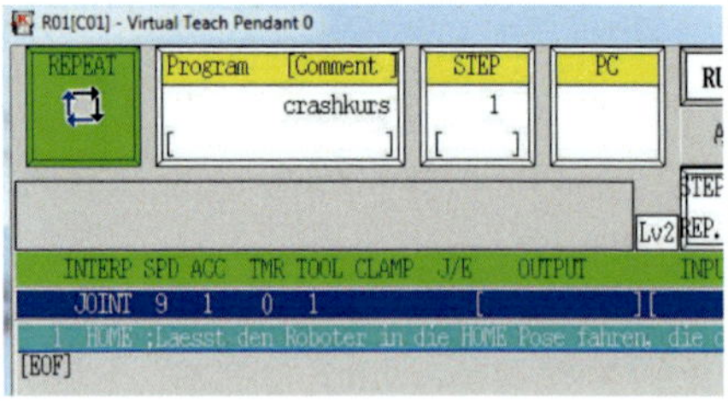 *Bild 151: Programm im Arbeitsspeicher* |

Schalten Sie in den Teach-Mode (1), schalten Sie den Motor ein (2) und die Teachgeschwindigkeit auf 4 oder 5 (3).

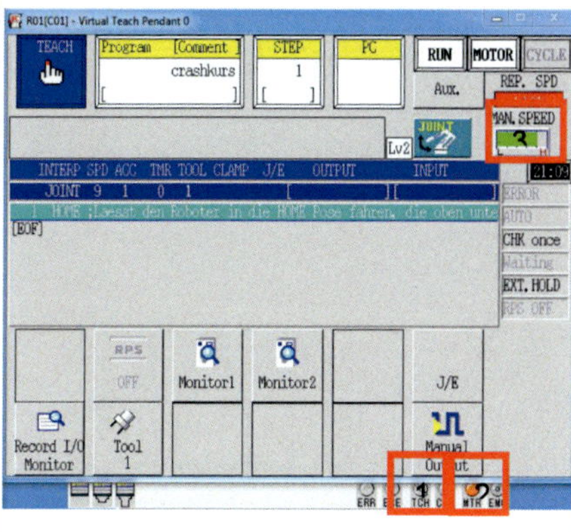


*Bild 152: In den Teach-Mode wechseln*

Jetzt können Sie im „Check-Mode" mit der Go-Taste den Roboter die Anweisung ausführen lassen, die aktuell ausgewählt ist, hier also die Programmzeile HOME. (Achtung: Linke Maustaste auf GO so lange festhalten, bis die gewünschte Pose erreicht ist.) Sobald die gewünschte Position erreicht ist, leuchtet die Programmzeile gelb auf und Sie können die Go-Taste loslassen.

(Hinweis: Es kommt vor, dass die Steuerung „denkt", die aktuelle Programmzeile sei bereits bearbeitet. Dann ist es nötig, über das Fenster Step die gewünschte Programmzeile nochmal anzuwählen.)

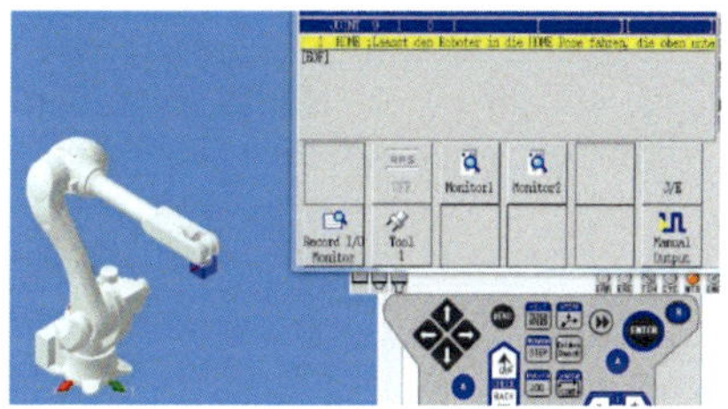

*Bild 153: Check-Mode*

<table>
<tr>
<td>Teachen Sie nun eine neue beliebige Pose, so wie Sie bisher auch geteacht haben.</td>
<td>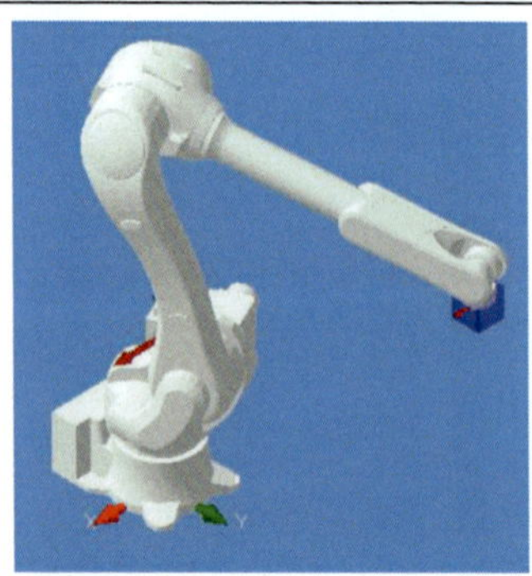<br>*Bild 154: HOME*</td>
</tr>
<tr>
<td>Wechseln Sie in das Terminal-Fenster der Steuerung, aktivieren Sie die Verbindung zwischen PC und Roboter durch Betätigen der ENTER-Taste. Der Roboter antwortet mit dem >-Zeichen.</td>
<td>R01[C01]<br>><br>>load uebung04<br>Loading...(uebung04.as)<br>AUX DATA<br>Program Crashkurs()<br>Transformation<br>File load completed. (0 errors)<br>>Program completed.No = 1<br>Program completed.No = 1<br><br>>|<br>*Bild 155: Terminal-Verbindung*</td>
</tr>
<tr>
<td>Speichern Sie die geteachte Position in der Robotersteuerung mit dem Befehl<br>HERE <Name><br>Beispiel:<br>`here anfang`<br>Die Steuerung fragt, ob die Pose wie beschrieben richtig ist. Sie antworten mit Betätigen der ENTER-Taste.</td>
<td>>here anfang<br>X[mm] Y[mm] Z[mm] O[deg] A[deg] T[deg]<br>-380.284 829.532 338.166 -65.372 179.992 114.617<br>Change? (If not, Press RETURN only.)<br><br>>|<br>*Bild 156: HERE anfang*</td>
</tr>
</table>

Speichern Sie die Programmdaten der Robotersteuerung in einer neuen Datei mit dem Befehl

```
save p04
```

(Hinweis: Der Dateiname darf KEINE Leer- oder Sonderzeichen beinhalten!)

```
>save p04
Saving...(p04.as)
Network Configuration data
Network Configuration data
ROBOT DATA
OPERATION INFORMATION DATA
SYSTEM DATA
AUX DATA
INTERFACE PANEL DATA
INTERFACE PANEL PAGE TITLE
INTERFACE PANEL COLOR DATA
SIGNAL_NAME
Program crashkurs
Transformation
File save completed.
>|
```

*Bild 157: SAVE*

Öffnen Sie die Datei p04.as, die jetzt im Programm-Verzeichnis Ihres Projektes liegt. Achten Sie darauf, dass es sich um eine Programmdatei handelt. Wenn Sie die Datei mit Word oder Writer öffnen, müssen Sie beim Speichern sorgfältig darauf achten, aus dem reinen Text keine typische Word- oder Writer-Datei zu machen. Am Anfang ist es am einfachsten, den Windows-Editor zu benutzen.

Sie wissen nicht, wo die Datei gelandet ist? Öffnen Sie einfach das zu Ihrem Projekt gehörende Programm-Verzeichnis durch Klick auf „Open Current Folder“.

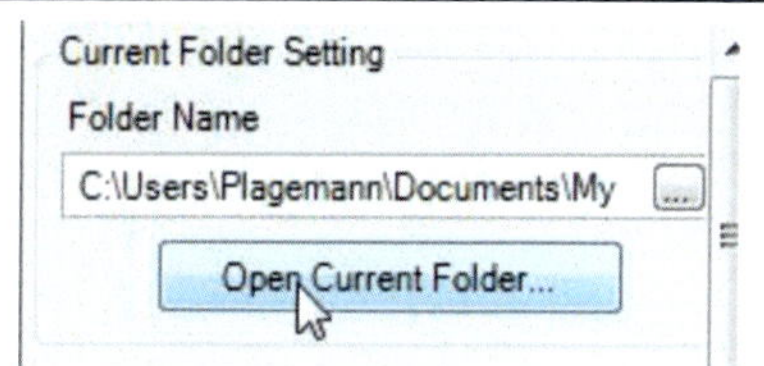


*Bild 158: Open Current Folder*

Ihre Datei beinhaltet 2186 Programmzeilen! Keine Angst, die allermeisten Zeilen haben derzeit keinerlei Bedeutung. Mit SAVE werden alle Daten gespeichert, die in der Robotersteuerung vorhanden sind. Dazu gehören auch alle Referenzdaten, Versionsdaten, Einstellungen von Koordinaten, Winkeln und vieles mehr. Uns interessieren nur die letzten Zeilen, die direkt von uns beeinflusst wurden. Das beginnt bei Zeile 2181.

```
.PROGRAM crashkurs() #0
 HOME ;Laesst den Roboter in die HOME Pose fahren
.END
.TRANS
anfang -380.283600 829.531677 338.166138 -65.371719
       179.992416 114.616966
.END
```

Alle vorangehenden Zeilen können Sie getrost löschen.

Zwischen
.PROGRAM und .END steht das Roboterprogramm.

Zwischen
.TRANS und .END sind Poses aufgeführt, die im Basis-Koordinatensystem gespeichert sind. Die Pose anfang in meinem Beispiel liegt also auf

```
X: 380 mm
Y: 829 mm
Z: 338 mm
```

```
Drehung um X: -65°
Drehung um Y: 179°
Drehung um Z: 114°
```

Jetzt beginnen Sie Ihr selbst geschriebenes Programm, indem Sie einige zusätzliche Poses programmieren. Kopieren Sie dafür die vollständige Zeile anfang ..., sodass Sie 4 gleiche Zeilen haben.

```
.TRANS
anfang -380.283600 829.531677 338.166138 -65.371719
       179.992416 114.616966
anfang -380.283600 829.531677 338.166138 -65.371719
       179.992416 114.616966
anfang -380.283600 829.531677 338.166138 -65.371719
       179.992416 114.616966
anfang -380.283600 829.531677 338.166138 -65.371719
       179.992416 114.616966
.END
```

Jetzt ändern Sie die Namen der 4 Punkte z. B. in ecke1 ... ecke4

```
.TRANS
ecke1 -380.283600 829.531677 338.166138 -65.371719 179.992416
      114.616966
ecke2 -380.283600 829.531677 338.166138 -65.371719 179.992416
      114.616966
ecke3 -380.283600 829.531677 338.166138 -65.371719 179.992416
      114.616966
ecke4 -380.283600 829.531677 338.166138 -65.371719 179.992416
      114.616966
.END
```

Nun ändern Sie bitte nur die X- und Y-Werte um wenige 100 mm, z. B. so:

```
.TRANS
ecke1 -380.283600 829.531677 338.166138 -65.371719 179.992416
      114.616966
ecke2 +380.283600 829.531677 338.166138 -65.371719 179.992416
      114.616966
ecke3 +380.283600 1029.531677 338.166138 -65.371719
      179.992416 114.616966
ecke4 -380.283600 1029.531677 338.166138 -65.371719
      179.992416 114.616966
.END
```

Schließlich ändern Sie den Programmnamen und programmieren Sie die Bewegung zu den 4 Ecken.

```
.PROGRAM Neu() #0
 HOME ;Laesst den Roboter in die HOME Pose fahren
 JMOVE ecke1
 JMOVE ecke2
 JMOVE ecke3
 JMOVE ecke4
 JMOVE ecke1
.END
```

Der Brief an den Roboter ist also geschrieben. In Klartext würde es bedeuten:

*Lieber Roboter*

*Bitte bringe Deinen Tool-Center-Point zuerst in die HOME-Pose, dann bewege ihn in einer JOINT-Bewegung zur Ecke1, anschließend weiter zu Ecek2, Ecke3, Ecke4 und schließlich wieder zurück zur Ecke1.*

*Dann fängt alles wieder von vorne an.*

*Danke*

*Dein*

*Programmierer*

Dieses Programm muss nun in die Robotersteuerung geladen werden.

Load p04

```
>load p04
Loading...(p04.as)
Program Neu()
Transformation
File load completed. (0 errors)
>
```

*Bild 159: Load*

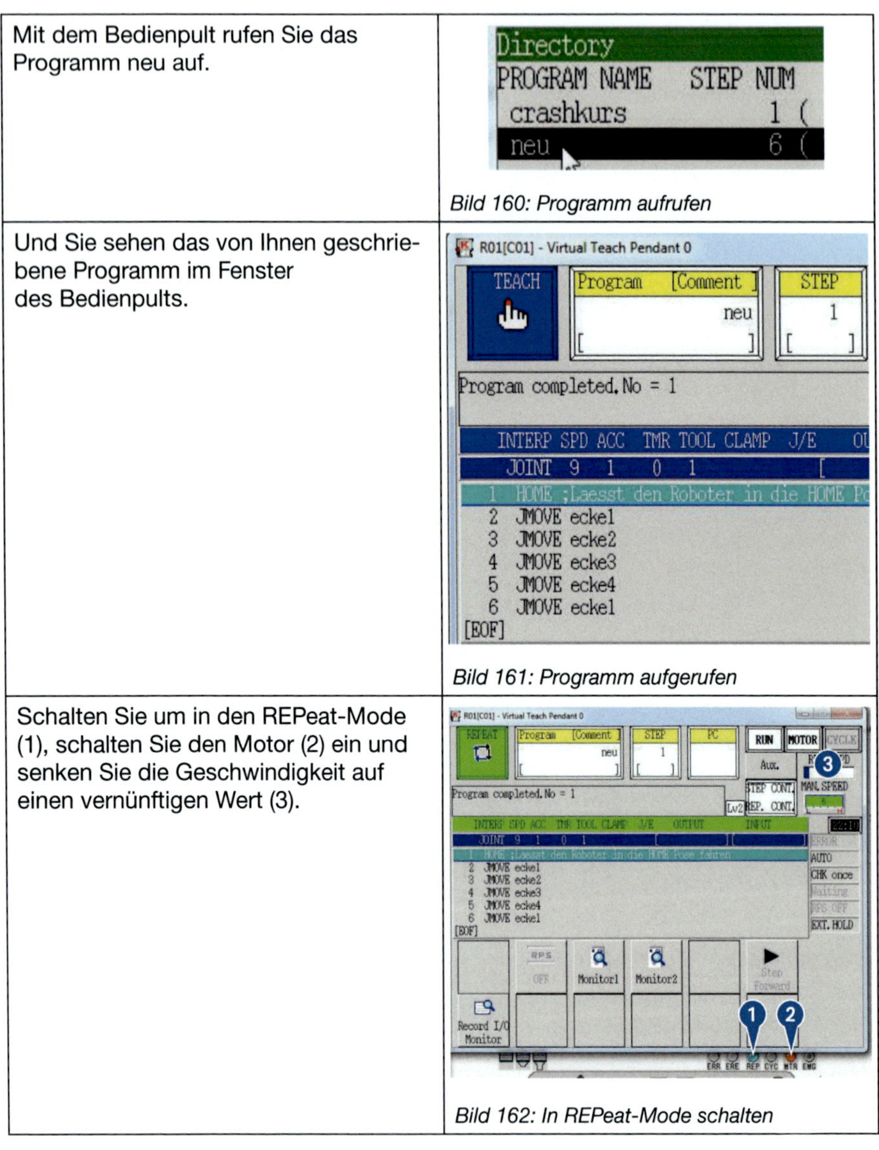

| | |
|---|---|
| Mit dem Bedienpult rufen Sie das Programm neu auf. | *Bild 160: Programm aufrufen* |
| Und Sie sehen das von Ihnen geschriebene Programm im Fenster des Bedienpults. | *Bild 161: Programm aufgerufen* |
| Schalten Sie um in den REPeat-Mode (1), schalten Sie den Motor (2) ein und senken Sie die Geschwindigkeit auf einen vernünftigen Wert (3). | *Bild 162: In REPeat-Mode schalten* |

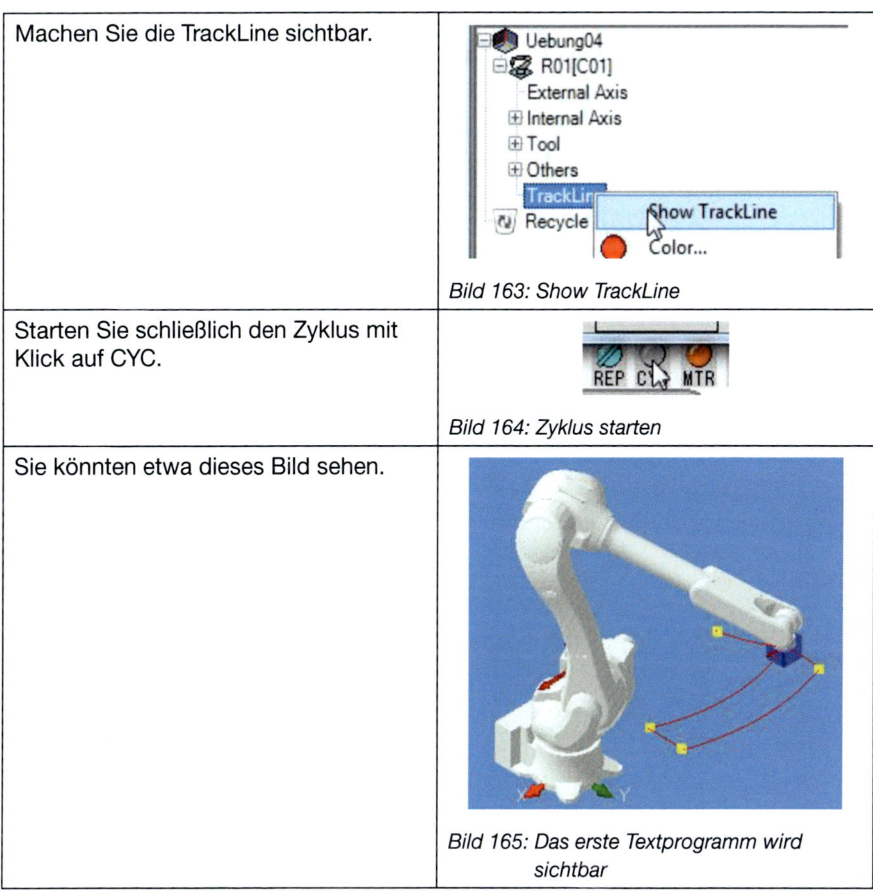

| | |
|---|---|
| Machen Sie die TrackLine sichtbar. | *Bild 163: Show TrackLine* |
| Starten Sie schließlich den Zyklus mit Klick auf CYC. | *Bild 164: Zyklus starten* |
| Sie könnten etwa dieses Bild sehen. | *Bild 165: Das erste Textprogramm wird sichtbar* |

## Die Nutzung des Touchscreens im Bedienpult

Das Bedienpult moderner Industrieroboter beinhaltet in der Regel einen TouchScreen, also einen berührungsempfindlichen Bildschirm. Im Gegensatz zum Smartphone handelt es sich um Industrie-TouchScreens, also Systeme, die beispielsweise auch mit einem Handschuh bedienbar sind. Bei den Kawasaki-Robotern ist der obere Teil des Bedienpults ein TouchScreen, der untere Teil eine feste Tastatur.

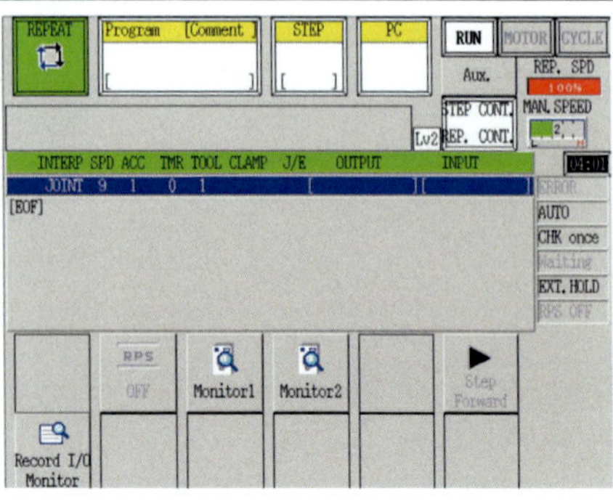


*Bild 166: Der Touch-Bereich des Kawasaki-Bedienpults*

Der Touch-Bereich wird für die Programmierung vor allem beim Teachen intensiv genutzt. Nach Abschluss der Programmierung wird aber ein großer Teil nicht mehr benötigt. Dieser Teil kann zum Bedienpult der Anwendung (nicht der Programmierung) werden. Dieser Bereich ist in 7 x 4 Kacheln aufgeilt, die jeweils mit verschiedenen Funktionen belegt werden können.

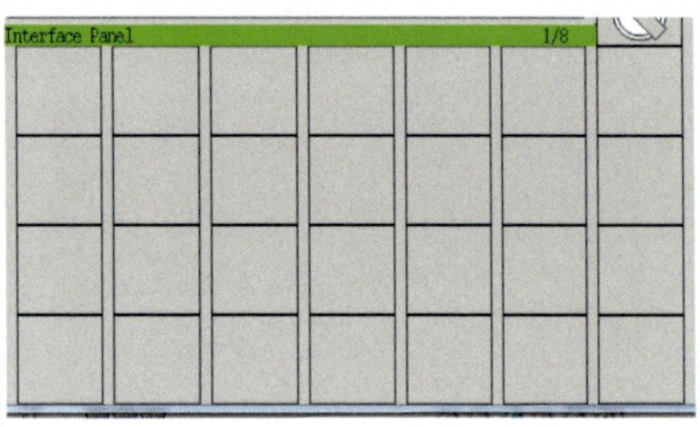


*Bild 167: Das Interface-Panel*

Um das Interface-Panel zu konfigurieren, wird über die Taste MENU des Bedienpults das Auswahlmenü für den Touch-Bereich aufgerufen,

*Bild 168: Taste MENU auf dem Bedienpult*

dort die Hilfsfunktionen, also AUX-Functions,

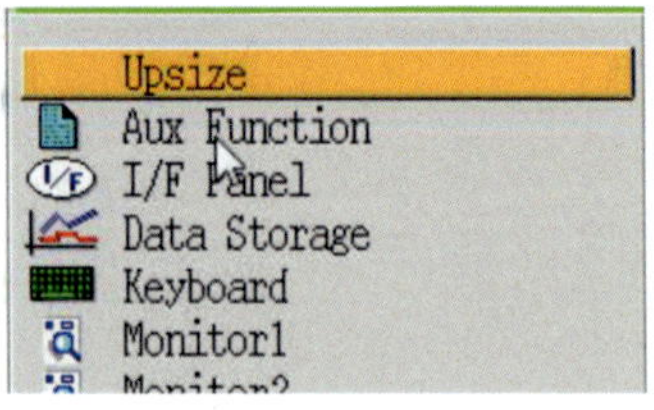


*Bild 169: AUX-Function*

| | |
|---|---|
| dort Advanced Setting | 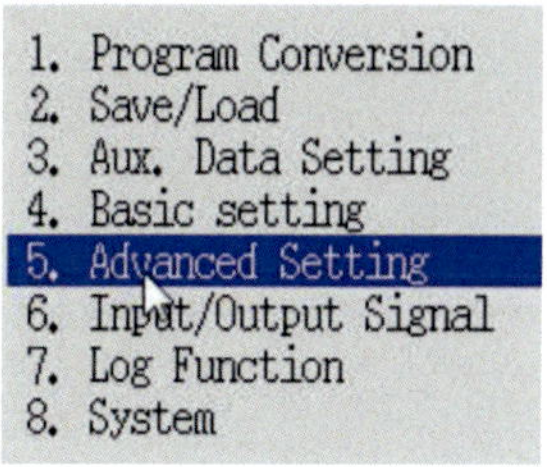 1. Program Conversion<br>2. Save/Load<br>3. Aux. Data Setting<br>4. Basic setting<br>5. Advanced Setting<br>6. Input/Output Signal<br>7. Log Function<br>8. System<br><br>*Bild 170: Advanced Setting* |
| und schließlich das Interface-Panel. | 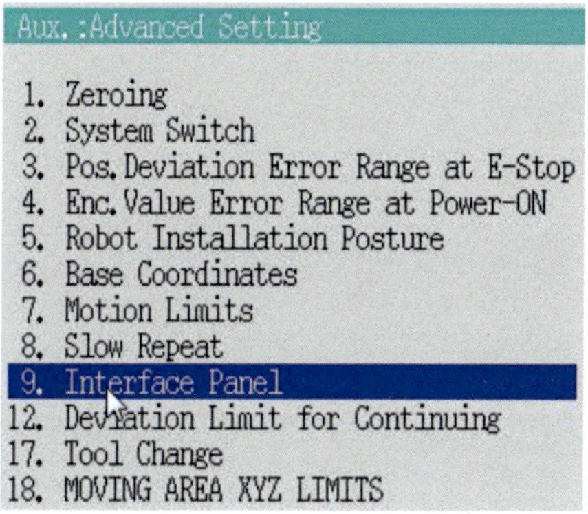 Aux. :Advanced Setting<br>1. Zeroing<br>2. System Switch<br>3. Pos. Deviation Error Range at E-Stop<br>4. Enc. Value Error Range at Power-ON<br>5. Robot Installation Posture<br>6. Base Coordinates<br>7. Motion Limits<br>8. Slow Repeat<br>9. Interface Panel<br>12. Deviation Limit for Continuing<br>17. Tool Change<br>18. MOVING AREA XYZ LIMITS<br><br>*Bild 171: Interface-Panel* |

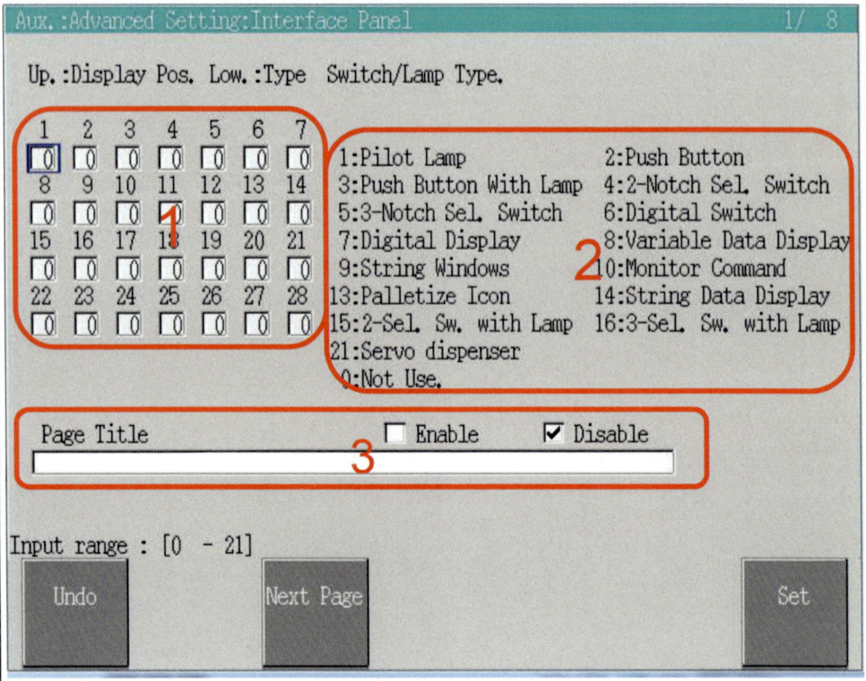

Aux. :Advanced Setting:Interface Panel 1/ 8

Up. :Display Pos. Low. :Type Switch/Lamp Type.

1 2 3 4 5 6 7
0 0 0 0 0 0 0
8 9 10 11 12 13 14
0 0 0 0 0 0 0
15 16 17 18 19 20 21
0 0 0 0 0 0 0
22 23 24 25 26 27 28
0 0 0 0 0 0 0

1:Pilot Lamp 2:Push Button
3:Push Button With Lamp 4:2-Notch Sel. Switch
5:3-Notch Sel. Switch 6:Digital Switch
7:Digital Display 8:Variable Data Display
9:String Windows 10:Monitor Command
13:Palletize Icon 14:String Data Display
15:2-Sel. Sw. with Lamp 16:3-Sel. Sw. with Lamp
21:Servo dispenser
0:Not Use.

Page Title Enable Disable

Input range : [0 - 21]

Undo Next Page Set

*Bild 172: Konfiguration des Interface-Panel*

Oben links (1) werden die 28 Kacheln mit Nummern aufgeführt. Rechts daneben (2) stehen die Möglichkeiten, wie die Kacheln konfigurierbar sind. Darunter (3) kann der Seite ein Name gegeben werden.

1: Pilot Lamp

Eine Lampe wird wie ein externes Signal benutzt, also ein Signal, das die Robotersteuerung nach außen leitet.

Um eine Lampe auf dem Interface-Panel zu installieren, wird die gewünschte Kachel markiert und mit der Tastatur des Bedienpults eine 1 eingegeben.

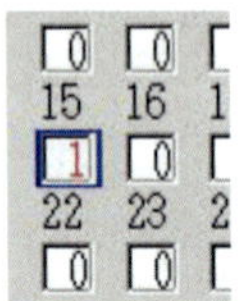

*Bild 173: Eine Pilot Lamp anbringen*

Wird die Eingabe mit ENTER (auf dem Bedienpult!) bestätigt, wird das Konfigurationsfenster für die Lampe geöffnet.

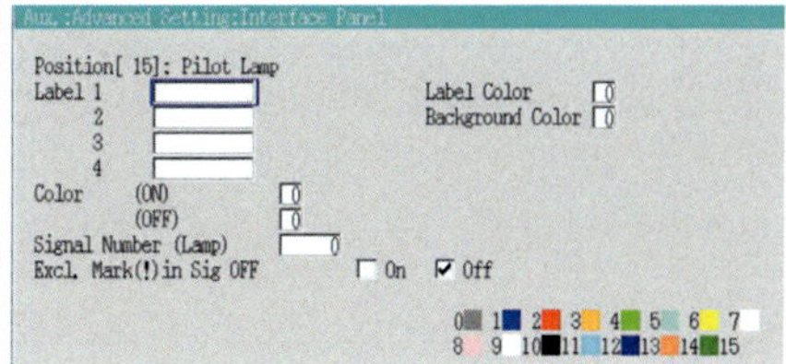


*Bild 174: Die Konfiguration der Pilot Lamp*

In den Feldern für Label 1 bis 4 können 4 Zeilen Text eingetragen werden. Dafür markieren Sie die gewünschte Zeile, klicken auf Input und erhalten eine virtuelle Tastatur.

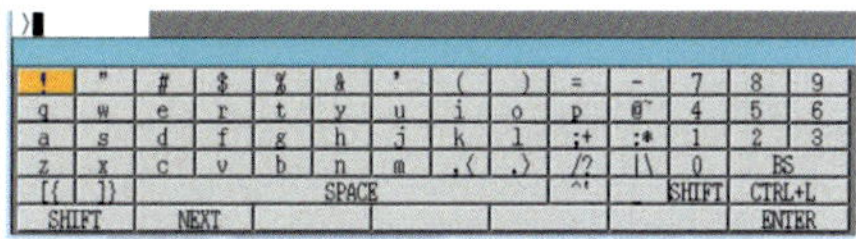


*Bild 175: Die virtuelle Tastatur des Bedienpults*

In 4 Feldern werden Farben vergeben: Für den Text (Label Color), für den Hintergrund (Background Color), für die Farbe, wenn die Lampe leuchtet (Color ON) und wenn sie nicht leuchtet (Color OFF). Zur Verfügung stehen die Farben der Skala rechts unten.

Schließlich muss die Signalnummer für die Lampe vergeben werden. Diese Nummer muss im Bereich von 2001 bis 2512 liegen (jeweils einschließlich).

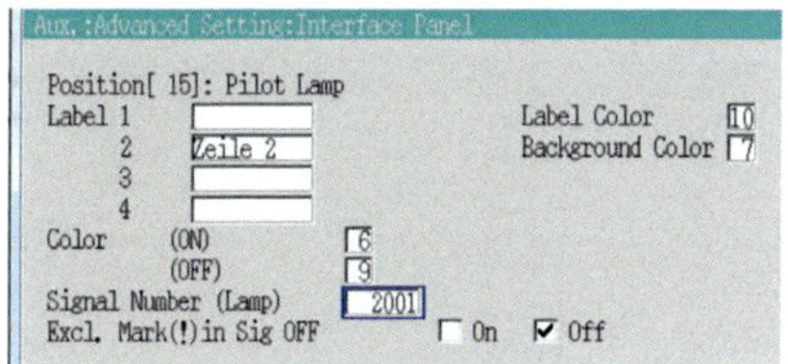


*Bild 176: Konfigurierte Pilot Lamp*

2 Push Button

Ein Taster wird ähnlich einer Lampe konfiguriert. In die gewünschte Kachel wird die 2 eingetragen und mit ENTER erscheint der Konfigurationsschirm des Tasters.

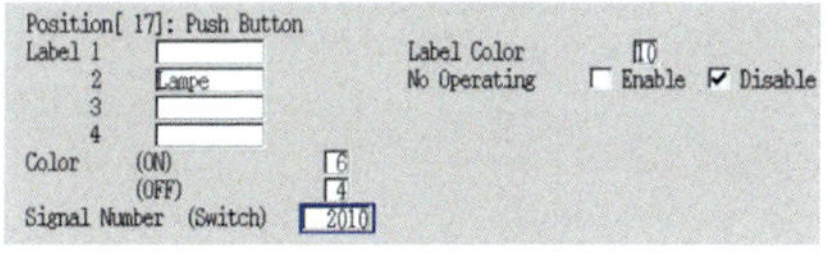


*Bild 177: Konfigurierter Push Button*

9 String Window

Ein Textfenster benötigt sehr wenig Konfiguration, weil der eigentliche Text mit IFPWPRINT im Programm selbst geschrieben wird.

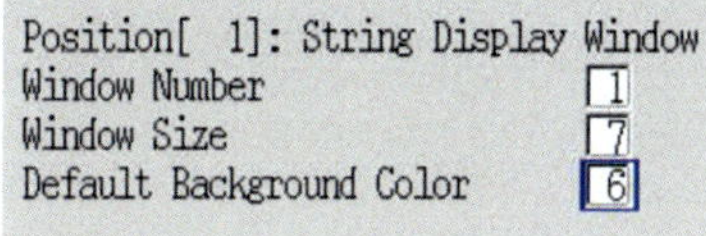


*Bild 178: Konfiguriertes String Window*

4 2-Notch Sel. Switch

Ein Schalter mit 2 Positionen erhält für jede Position eine Signalnummer.

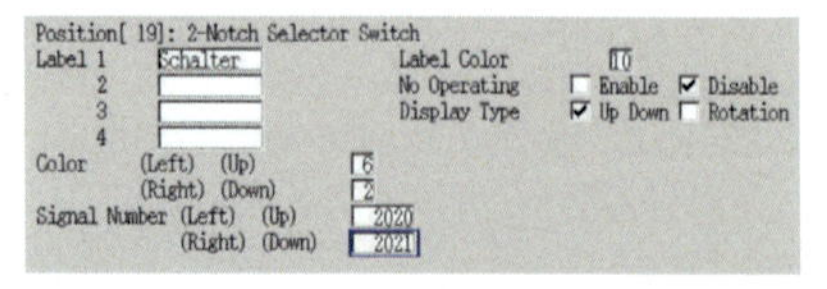


*Bild 179: Konfigurierter Switch*

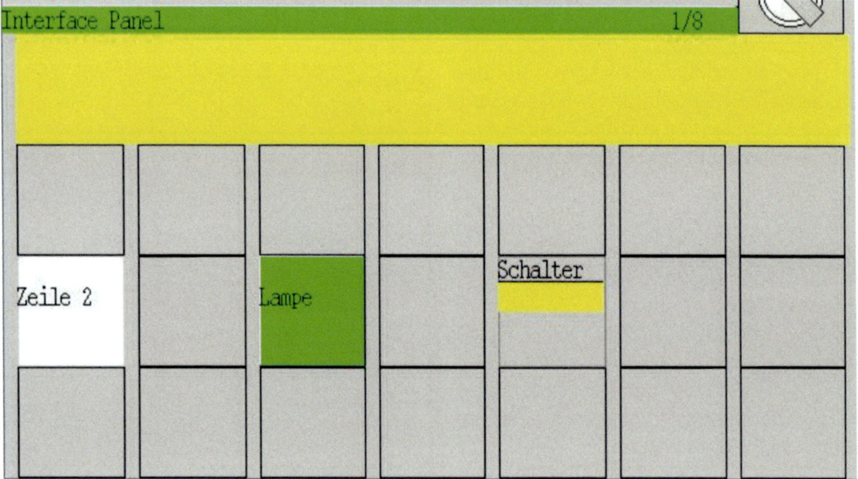


*Bild 180: Beispiel eines Interface-Panels*

Das so beispielhaft konfigurierte Interface-Panel sieht wie dargestellt aus.

In der AS-Datei, die mit SAVE erstellt wird, ist die Konfiguration des Interface-Panels im Abschnitt „INTER_PANEL_D zu finden.

```
.INTER_PANEL_D
0,9,1,7,6
14,1,““,“Zeile 2“,““,““,10,7,6,9,2001,0
16,2,““,“Lampe“,““,““,10,6,4,2010,0
18,4,2,“Schalter“,““,““,““,10,6,2,2020,2021,0
.END
```

Die erste Ziffer ist immer die Kachelnummer, wobei in der AS-Datei die Nummern von 0 bis 27 gehen, im Konfigurationsfenster des Bedienpults von 1 bis 28.
Die zweite Ziffer bezeichnet die gewünschte Funktion.
Innerhalb der Anführungszeichen stehen die „Label“, der vorletzte Eintrag ist jeweils die Signalnummer.

## 5.2 Die in diesem Kurs benutzten Programmbefehle

### Bewegungsbefehle

| Befehl | Hinweise |
|---|---|
| MOVE | löst eine Bewegung des Tool-Center-Points zum angegebenen Punkt aus. Mit JMOVE wird eine JOINT-Bewegung ausgelöst, mit LMOVE eine Lineare Bewegung. Der angegebene Punkt muss existieren.<br><br>Beispiel:<br>`JMOVE Ecke1 ;Joint-Bewegung zum Punkt mit Name Ecke1`<br>`LMOVE Ecke3 ;Lineare Bewegung zum Punkt mit Name Ecke3` |
| CXMOVE | löst eine Bewegung auf einer Kreisbahn aus. Um den TCP auf einer Kreisbahn zu bewegen, werden zwei Befehle benötigt: C1MOVE und C2MOVE.<br><br>Eine kreisförmige Bewegung (kein Vollkreis, sondern ein Kreisabschnitt bis maximal zum Halbkreis) benötigt 3 Poses: An Pose 1 steht der TCP, Pose 2 liegt auf der Kreisbahn und Pose 3 gibt das Ende der Kreisbahn an.<br><br>Beispiel:<br>JMOVE c1 ;Bewegung zum Punkt c1<br>C1MOVE c2 ;c2 liegt auf dem Kreisbogen<br>C2MOVE c3 ;An c3 endet die Bewegung 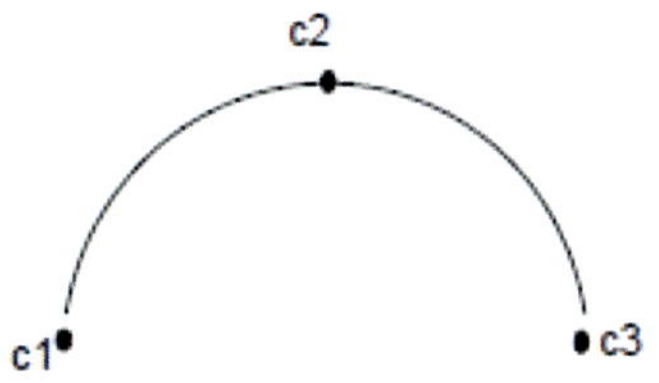<br><br>c2<br>c1 c3<br><br>*Bild 181: CXMOVE* |
| HOME | löst eine JOINT Bewegung zur HOME-Pose aus (genau zur 1HOME Pose).<br><br>Beispiel:<br>`HOME` |

| Befehl | Hinweise |
|---|---|
| APPRO | löst eine Bewegung vor den angegebenen Punkt aus, wobei der TCP um die angegebenen mm in Richtung der Tool-Z-Achse vor dem Punkt positioniert wird.<br>APPRO kann als JOINT- oder als Lineare Bewegung genutzt werden.<br>Beispiel:<br>`JAPPRO Punkt10, 200 ;Joint-Bewegung zu der Pose, die in Tool-Z-Richtung um 200 mm vor dem Punkt10 liegt.`<br>`LAPPRO ecke4, 170 ;Lineare Bewegung zu der Pose, die in Tool-Z-Richtung um 170 mm vor ecke4 liegt.` |
| DRAW | löst eine relative Bewegung ausgehend von der zuletzt eingenommenen Pose des TCP im **Basis**-Koordinatensystem aus. DRAW erzeugt immer eine Lineare Bewegung. Die Parameter folgen der üblichen Reihenfolge: X, Y, Z, rX, rY, rZ. Nicht benutzte Parameter am Anfang bleiben leer, das Komma muss aber gesetzt sein. Nicht benutzte Parameter am Ende können weggelassen werden.<br>Beispiel:<br>`DRAW ,,100 ;bewirkt eine lineare Bewegung in Basis-Z-Richtung um 100 mm` |
| TDRAW | löst eine relative Bewegung ausgehend von der zuletzt eingenommenen Pose des TCP im **Tool**-Koordinatensystem aus. TDRAW erzeugt immer eine Lineare Bewegung. Die Parameter folgen der üblichen Reihenfolge: X, Y, Z, rX, rY, rZ.<br>Beispiel:<br>`TDRAW ,200,100 ;bewirkt eine lineare Bewegung um 200 mm in Tool-Y-Richtung und um 100 mm in Tool-Z-Richtung` |
| DRIVE | löst eine relative Bewegung einer einzelnen Achse ausgehend von der zuletzt eingenommenen Pose des TCP aus. DRIVE kann immer genau eine Achse bewegen.<br>Beispiel:<br>`DRIVE 1,90 ;Bewirkt eine Drehung der Achse 1 um 90°` |

| **Befehl** | **Hinweise** |
|---|---|
| SHIFT … BY | verschiebt die Koordinaten einer Pose um die angegebenen Werte. Die Werte werden wie üblich in der Reihenfolge X, Y, Z angegeben. Werte am Ende, die nicht verändert werden, können weggelassen werden.<br>Beispiel:<br>`SHIFT(AltePose BY 125) ;verschiebt den X-Wert von AltePose um 125 mm`<br>`SHIFT (AltePose BY 0,-55) ;verschiebt den Y-Wert von AltePose um -55 mm`<br>`SHIFT (AltePose BY -3*17) ;verschiebt den X-Wert von AltePose um -3 * 17 = -51 mm` |

**Geschwindigkeit und Genauigkeit**

| **Befehl** | **Hinweise** |
|---|---|
| ACCURACY | gibt die Genauigkeit an, mit der der TCP eine bestimmte Pose erreichen soll. Der Parameter gibt in mm den Abstand zur gewünschten Pose an, ab der der TCP bereits in Richtung der danach folgenden Pose umschwenken soll.<br>Beispiel:<br>`JMOVE A`<br>`ACCURACY 150 ;Bereits 150 mm vor Erreichen der Pose schwenkt der TCP zur nächsten danach programmierten Pose um`<br>`LMOVE B`<br>`LMOVE C` 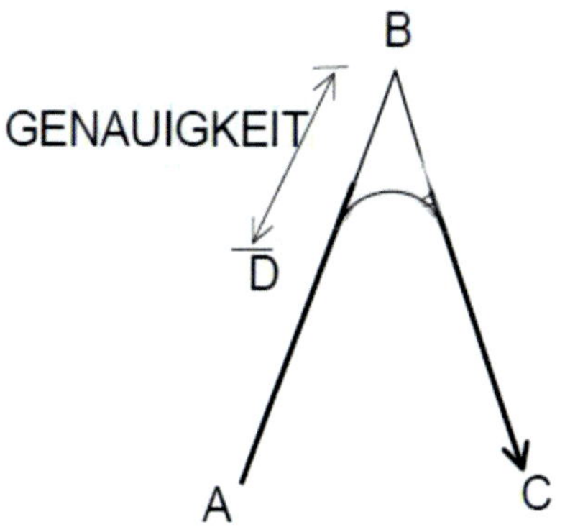<br>B<br>GENAUIGKEIT<br>D<br>A<br>C<br>*Bild 182: Accuracy* |

| Befehl | Hinweise |
|---|---|
| SPEED | gibt die Geschwindigkeit für die nachfolgende Bewegung in Prozent der eingestellten Maximalgeschwindigkeit an.<br>Beispiel:<br>`SPEED 5 ;5 Prozent der eingestellten Geschwindigkeit`<br>`LMOVE Ziel ;Langsame Bewegung`<br>`HOME ;Schnelle Bewegung` |

**Greifer- und Signalbefehle**

| Befehl | Hinweise |
|---|---|
| CLOSE | schließt den Greifer. In der Simulation mit K-ROSET hält der am Flansch montierte Greifer das nächst gelegene „Work"-Objekt fest. |
| OPEN | öffnet den Greifer. In der Simulation mit K-ROSET lässt der am Flansch montierte Greifer das vorher mit CLOSE festgehaltene „Work"-Objekt los. |
| WAIT | lässt das Programm „warten".<br>Dabei kann auf eine Zeit oder auf ein Signal gewartet werden.<br>Beispiel:<br>`TWAIT 5 ;fuegt eine Wartezeit von 5 Sekunden ein`<br>`SWAIT 2001 ;wartet auf das Signal mit der Nummer 2001`<br>`SWAIT -2001 ;wartet darauf, dass das Signal 2001 zu 0 (FALSE) wird` |
| SIGNAL | schaltet ein Signal an oder aus.<br>Beispiel:<br>`SIGNAL 2100 ;schaltet das Signal 2100 ein`<br>`SIGNAL -2100 ;schaltet das Signal 2100 aus` |

**Programmsteuerung und Programmstrukturanweisungen**

<table>
<tr><th>Befehl</th><th>Hinweise</th></tr>
<tr><td>IF ...<br>THEN ...<br>ELSE ...<br>END</td><td>Mit IF ... THEN ... ELSE kann ein Programm bedingungsabhängig arbeiten.<br><br>Beispiel:<br><code>IF SIG(2100) THEN</code><br><code>  JMOVE Ziel1</code><br><code>ELSE</code><br><code>  JMOVE Ziel2</code><br><code>END</code><br><br>Der ELSE-Teil kann wegfallen, dann führt der Roboter eine bestimmte Bewegung nur aus, wenn die Bedingung erfüllt ist, sonst wird das Programm nach dem END weiterbearbeitet.<br><br><code>IF SIG(2100) THEN</code><br><code>  JMOVE Ziel1</code><br><code>END</code></td></tr>
<tr><td>FOR ... TO</td><td>Mit FOR ... TO ... END wird eine Zählschleife programmiert. Dazu wird eine Zählvariable benutzt. Typischerweise wird mit ganzen Zahlen gezählt.<br><br>Beispiel:<br><code>FOR zaehler = 1 to 10</code><br><code>  JMOVE Punkt1</code><br><code>  JMOVE Punkt2</code><br><code>END</code><br><br>Der TCP wird nun 10-mal zu Punkt 1 und 2 bewegt. Erst danach wird das weitere Programm nach dem END bearbeitet.</td></tr>
<tr><td>POINT</td><td>definiert einen Namen als Pose, d. h. es deklariert eine Variable als POINT.<br><br>In diesem Kurs wird POINT vor allem im Zusammenhang mit der Berechnung von Poses benutzt.<br><br>Beispiel:<br><code>POINT NeuePose = SHIFT(AltePose BY 500)</code><br><br><code>;Definiert einen Transitionspunkt mit Namen “NeuePose” und gibt dieser Pose zugleich den Wert, der sich aus der Verschiebung von “AltePose” um +500 mm in X-Richtung ergibt.</code></td></tr>
</table>

| **Befehl** | **Hinweise** |
|---|---|
| CALL | ruft ein Unterprogramm auf. Sobald im Unterprogramm der Befehl RETURN erreicht wird, springt das Unterprogramm zurück in die Programmzeile nach CALL.<br><br>Beispiel:<br>`CALL Unterprogramm ;Aufruf des Unterprogramm mit dem Namen Unterprogramm`<br><br>Das Unterprogramm selbst benötigt am Ende die Zeile RETURN.<br><br>Beispiel:<br>`.PROGRAM Unterprogramm()`<br>`  … Programmbefehle …`<br>`  RETURN`<br>`.END` |

**Das Interface-Panel**

| **Befehl** | **Hinweise** |
|---|---|
| IFPWPRINT | Schreibt beliebigen Text in eine auf dem Interface-Panel eingerichtete Textzeile. Der Text sollte keine Umlaute enthalten, weil diese als japanische Schriftzeichen angezeigt werden.<br><br>Beispiel:<br>`IFPWPRINT 1=“Das ist ein Beispiel“`<br><br>`Die 1 steht für: Zeile 1` |

**Befehle im Terminalmode**

<table>
<tr><th>Befehl</th><th>Hinweise</th></tr>
<tr><td>HERE</td><td>
Mit HERE wird die Pose, an der der TCP des Roboters sich gerade befindet, in der Robotersteuerung unter einem Namen gespeichert.
Dabei ermöglicht die Robotersteuerung vor dem endgültigen Speichern die Korrektur der Position.
<pre>
>HERE Test
    X[mm]      Y[mm]      Z[mm]     O[deg]     A[deg]     T[deg]
   800.484    900.602  -262.897    48.360    179.992  -131.636
Change? (If not, Press RETURN only.)
800,900,-260
    X[mm]      Y[mm]      Z[mm]     O[deg]     A[deg]     T[deg]
   800.000    900.000  -260.000    48.360    179.992  -131.636
Change? (If not, Press RETURN only.)
</pre>
In der ersten Zeile wird mit
<code>HERE Test</code>
die aktuelle Pose unter dem Namen Test gespeichert.
Die Robotersteuerung gibt die aktuellen Koordinaten in der Reihenfolge
X, Y, Z, rX, rY, rZ
an und fragt, ob diese Pose gewünscht ist: Change?
Wenn die Pose mit den angezeigten Werten bestätigt werden soll, muss lediglich mit der ENTER-Taste bestätigt werden.
Sollen die Werte geändert werden, müssen sie in der genannten Reihenfolge, getrennt durch Kommata angegeben werden. Im obigen Bild wurden die X-, Y- und Z-Werte gerundet.
Die eingegebenen Werte werden dann nochmals zur Bestätigung angezeigt und werden durch Betätigen der ENTER-Taste schließlich gespeichert.
Sollen die Werte später geändert werden, muss lediglich mit
<code>HERE Test</code>
der Vorgang mit den neuen Werten wiederholt werden.
</td></tr>
</table>

| **Befehl** | **Hinweise** |
|---|---|
| SAVE | speichert die Daten der Robotersteuerung in einer Datei im Verzeichnis PG des Roboters. Der anzugebende Dateiname darf kein Leerzeichen und keine Sonderzeichen enthalten.<br>Beispiele:<br>`SAVE uebung1`<br>Speichert alle Daten in der Datei uebung1.as<br>`SAVE/p uebung1`<br>Speichert alle Programme in der Datei uebung1.pg |
| LOAD | lädt die Daten in die Robotersteuerung. LOAD erwartet standardmäßig den Dateityp .as und sucht ausschließlich im Verzeichnis PG des gerade aktiven Roboters.<br>Beispiele:<br>`LOAD uebung1`<br>Lädt den Inhalt der Datei uebung1.as in die Robotersteuerung.<br>`LOAD uebung1.pg`<br>Lädt den Inhalt der Datei uebung1.pg in die Robotersteuerung. |
| KILL | löscht das Programm aus dem Arbeitsspeicher der Robotersteuerung (nicht aus dem Programmspeicher). Voraussetzung ist, dass das Programm nicht aktiv bearbeitet wird (CYC darf nicht aktiv sein). |
| DO | ermöglicht es, vom Terminal aus beliebige AS-Befehle auszuführen. Voraussetzung ist, dass der Roboter in den REPeat-Mode geschaltet und der Motor eingeschaltet ist. Der Zyklus darf nicht gestartet sein.<br>Beispiel:<br>`Do home`<br>Führt den Befehl HOME aus. Wenn die Bewegung vollständig abgearbeitet ist, meldet die Steuerung<br>`DO motion completed` |

## 5.3 Typische Fehlermeldungen

Im Unterricht gibt es „typische“ Fehlermeldungen, die häufig auftauchen. Wichtig ist, auf die Meldungen zu achten. Erfahrungsgemäß werden Fehlermeldungen einfach überlesen: „Das funktioniert nicht!“ In den meisten Fällen gibt die Software aber hilfreiche Hinweise.

### Fehlermeldungen im Terminal-Mode

### Cannot find file

Diese Fehlermeldung ist scheinbar selbsterklärend: Die gesuchte Datei kann nicht gefunden werden.

```
>load text01_p
Cannot find File.
(P2016)Cannot open the file.
>
```

*Bild 183: Cannot find file*

In der Praxis gibt es mehrere häufige Ursachen für diese Fehlermeldung:

- Erstens gibt es die Datei tatsächlich nicht. Ursache ist meist ein Tippfehler beim Dateinamen.
- Zweitens liegt die Datei nicht im Verzeichnis, in dem K-ROSET nach der Datei sucht. LOAD und SAVE benutzen IMMER genau das Verzeichnis PG des Roboters im zugehörigen Projekt. Um festzustellen, ob die Datei vorhanden ist, oder wohin die Datei zu kopieren ist, kann das Dateiverzeichnis mit „Open Current Folder“ geöffnet werden:

```
>
>
>load text01_p
Cannot find File.
(P2016)Cannot open the file.
>|
```

Current Folder Setting
Folder Name
C:\Users\Plagemann\Documents\My
Open Current Folder...

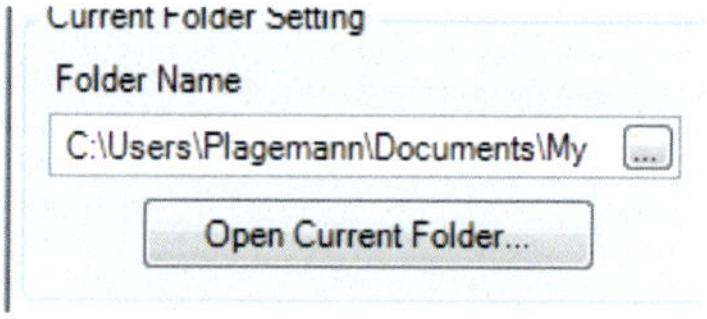

*Bild 184: Open Current Folder*

- Drittens ist die Dateinamenserweiterung falsch. LOAD sucht standardmäßig immer eine AS-Datei. Jede andere Dateinamenserweiterung muss ausdrücklich eingegeben werden. Der Dateityp ist im Windows Explorer in der Spalte Typ erkennbar.

| Name | Änderungsdatum | Typ | Größe |
|---|---|---|---|
| home | 05.01.2015 15:56 | AS-Datei | 1 KB |
| text01 | 21.03.2016 17:48 | AS-Datei | 1 KB |
| text01 | 21.03.2016 17:48 | Textdokument | 1 KB |
| text01_plm | 22.03.2016 06:37 | AS-Datei | 1 KB |

*Bild 185: Dateityp*

Der Dateityp „AS-Datei" benutzt die Dateinamenserweiterung as und wird von load automatisch angenommen, wenn nicht etwas anderes angegeben wird. Der Dateityp „Textdokument" benutzt die Dateinamenserweiterung „txt". Soll also ein Textdokument mit LOAD geladen werden, dann muss die Dateinamenserweiterung .txt mit angegeben werden.

Es kann hilfreich sein, die Dateinamenserweiterung im Windows Explorer anzuzeigen. Dazu wird im Windows Explorer das Menü „Organisieren" aufgerufen, dann „Ordner- und Suchoptionen" → Reiter „Ansicht" → und der Haken bei „Erweiterungen bei bekannten Dateitypen" mit Klick entfernt. Mit Klick auf Übernehmen werden die Dateinamenserweiterungen nun angezeigt.

| Name | Änderungsdatum | Typ |
|---|---|---|
| home.as | 05.01.2015 15:56 | AS-Datei |
| text01.as | 21.03.2016 17:48 | AS-Datei |
| text01.txt | 21.03.2016 17:48 | Textdokument |
| text01_plm.as | 22.03.2016 06:37 | AS-Datei |

*Bild 186: Anzeige der Dateinamenserweiterung*

### Cannot execute because program already in use

Dieser Fehler tritt auf, wenn ein Programm geladen werden soll, das bereits in den Arbeitsspeicher der Robotersteuerung geladen wurde.

```
>load text01
Loading...(text01.as)
AUX DATA
Program  Rechteck()
Cannot execute because program already in use.
Transformation
File load completed. (1 errors)
>
```

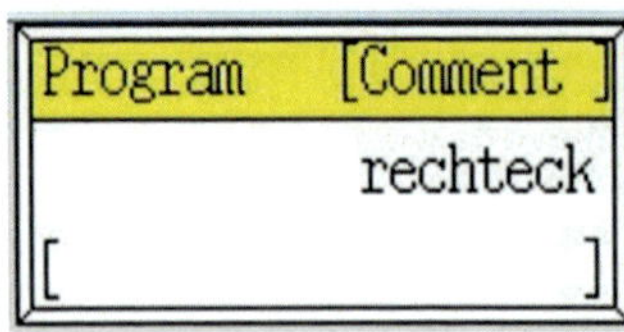


*Bild 187: Cannot execute*

Abhilfe: Mit KILL das Programm aus dem Arbeitsspeicher der Robotersteuerung löschen.

### Cannot kill program that is running

```
>kill
Are you sure ? (Yes:1, No:0) 1
(P1026)Cannot KILL program that is running.
>|
```

*Bild 188: Cannot kill*

Diese Fehlermeldung erscheint, wenn ein Programm aktuell ausgeführt wird und gleichzeitig aus dem Arbeitsspeicher der Robotersteuerung mit KILL entfernt werden soll.

Abhilfe: Das Programm mit dem Bedienpult stoppen (z. B. von REPeat-Mode in TeaCH-Mode umschalten), dann erneut „killen".

**Syntax Error**

Die Robotersteuerung bietet eine recht umfangreiche Syntaxkontrolle, die sehr hilfreich ist. Am Beliebtesten sind schlichte Tippfehler:

```
>load text01_plm
Loading...(text01_plm.as)
AUX DATA
Program  Rechteck()
   2 JMVOE ecke1
     ^(P0109)Invalid statement.

STEP syntax error.
(0:Change to comment and continue, 1:Delete program and abort)
```

*Bild 189: Syntax Error*

Im obigen Beispiel ist statt „JMOVE" „JMVOE" geschrieben worden.

Hinweis:
Wichtig ist nun, mit dieser Fehlermeldung richtig umzugehen. Mit der Fehlermeldung allein belässt es die Robotersteuerung nämlich nicht. Sie verlangt ausdrücklich eine Bestätigung mit einer von 2 möglichen Reaktionen:

```
(0:Change to comment and continue, 1:Delete program and abort)
```

Es muss also mit der Zahl 0 oder 1 und anschließendem ENTER geantwortet werden. Bei „0" versucht die Robotersteuerung, die nachfolgenden Programmzeilen noch zu laden. Bei „1" wird abgebrochen. Solange der Ladevorgang nicht abgeschlossen ist, kann die entsprechende Datei im Editor nicht weiterbearbeitet bzw. gespeichert werden, weil K-ROSET sie mit Windows-Mitteln gegen Bearbeitung durch ein anderes Programm gesperrt hat.

**Fehlermeldungen auf dem Bedienpult**

**Speed of tool center point exceeded safety point**

```
⚠ Error
(E1377) 16-03-28(Mon) 01:01:49
[Main CPU board]Speed of tool center point exceeded safety speed.
```

*Bild 190: Speed of tool center point*

Diese Fehlermeldung erscheint, wenn die für das Teachen eingestellte Geschwindigkeit zu hoch ist.

Abhilfe: Teachgeschwindigkeit auf 4 oder weniger reduzieren.

**End Point for JtX beyond motion range**

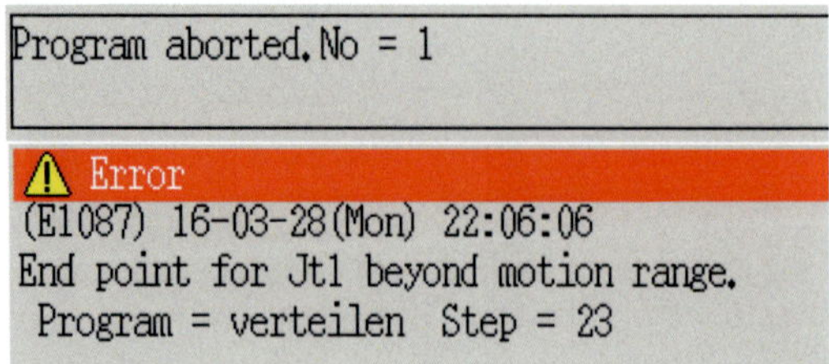


*Bild 191: beyond motion range*

Diese Fehlermeldung erscheint, wenn eine Achsbewegung unmöglich ist. Das kann entweder bedeuten, dass eine Achse über ihren Arbeitsraum hinaus bewegt werden soll, oder dass der Weg zwischen zwei Punkten zu einer Kollision führen würde.

Abhilfe: Punkte kontrollieren, ob sie im Arbeitsraum liegen, oder einen Zwischenpunkt zwischen zwei Punkten einfügen, damit die Bewegung möglich wird.

**Program not selected**

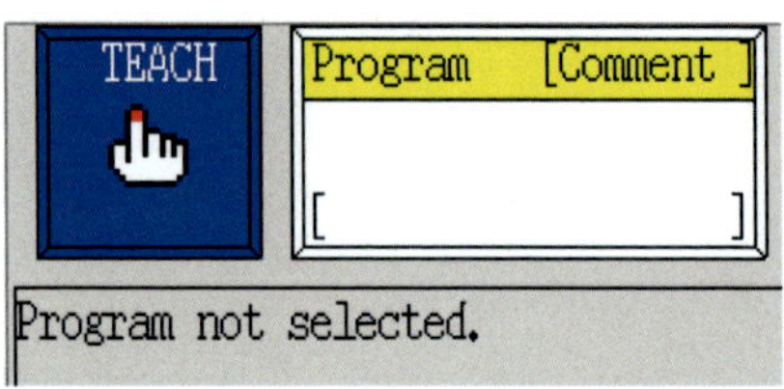


*Bild 192: Program not selected*

Diese Meldung weist darauf hin, dass zuerst ein Programm ausgewählt oder angelegt werden muss. Typischerweise soll im Teach-Mode eine Pose gespeichert werden, ohne dass ein Programm angelegt ist.

**Program does not exist**

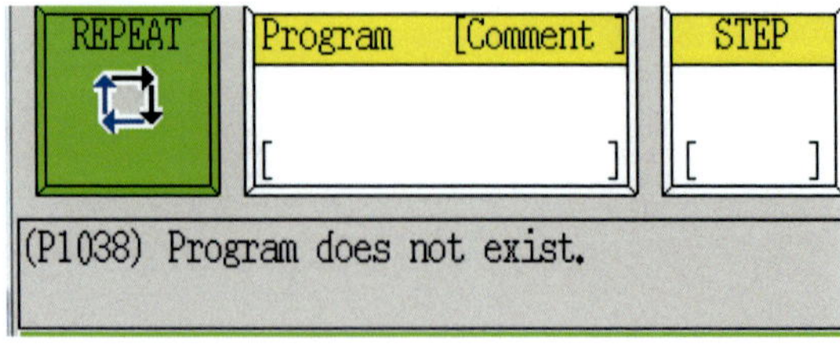


*Bild 193: Program does not exist*

Diese Meldung zeigt im REPeat-Mode an, dass der Zyklus gestartet werden soll, ohne dass ein Programm aufgerufen wurde.

# 6 Bildverzeichnis

# 7 Stichwortverzeichnis